絶対わかる 高分子化学

齋藤勝裕 + 山下啓司 著
Saito Katsuhiro　Yamashita keiji

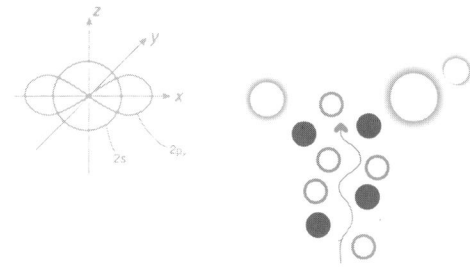

講談社サイエンティフィク

目　　次

はじめに　v

第 I 部　高分子の構造　1

1 章　身の回りの高分子 …………………………… 2
1. 食べる高分子　2
2. 家庭用品の高分子　4
3. わたしも高分子　6
4. 低分子と高分子　8
5. 高分子の特徴　10
6. 高分子を作るには　12

2 章　原子から低分子へ …………………………… 14
1. 原子の構造　14
2. 軌道　16
3. 化学結合　18
4. σ結合とπ結合　20
5. 単結合（一重結合）　22
6. 二重結合　24
7. 立体異性　26
8. 分子間力　28

3 章　低分子から高分子へ ………………………… 30
1. 低分子と高分子　30
2. エチレンからポリエチレンへ　32
3. アセチレンからポリアセチレンへ　34
4. 高分子の平面構造　36
5. 多成分系高分子　38
6. 高分子の立体構造　40
7. 高次立体構造　42
8. 結晶性と非晶性　44

コラム：スタウディンガー　46

第 II 部　高分子の物性　47

4 章　高分子の力学的性質 ………………………… 48
1. 重合と物性　48
2. 弾性変形　50
3. 粘弾性　52
4. ゴム弾性　54

5　熱物性　56
　　6　高分子溶液　58
　　7　溶解度パラメーター　60
　　コラム：エントロピー　54

5章　高分子の熱，化学的性質　62
　　1　耐熱性——物理的耐熱性——　62
　　2　耐熱性——化学的耐熱性——　64
　　3　難燃性　66
　　4　耐候性　68
　　5　耐薬品性　70
　　6　バリア特性　72

6章　高分子の光と電気特性　74
　　1　光透過性　74
　　2　屈折率と複屈折率　76
　　3　高分子の絶縁性　78
　　4　誘電特性　80
　　5　圧電特性　82
　　6　導電性高分子　84
　　コラム：アクリル水族館　86

第III部　高分子の合成　87

7章　連鎖反応　88
　　1　反応の種類　88
　　2　連鎖反応　90
　　3　ラジカル重合　92
　　4　イオン重合　94
　　5　リビング重合　96
　　6　配位重合　98
　　7　開環重合反応　100
　　8　共重合　102

8章　逐次反応　104
　　1　逐次反応　104
　　2　重付加反応　106
　　3　重縮合反応—ポリエステル　108
　　4　重縮合反応—ナイロン　110
　　5　付加縮合重合　112
　　6　窒素系の付加縮合重合　114
　　7　重合反応解析　116
　　コラム：発泡樹脂　106
　　コラム：ペットボトル　108
　　コラム：ベックマン転位　110
　　コラム：プレポリマー　112
　　コラム：推定ポリマー　114
　　コラム：プラスチックの成形　118

9章　高分子の反応 ……………………………………………… 120

- 1　ゴムの加硫　*120*
- 2　架橋反応　*122*
- 3　高分子鎖の反応　*124*
- 4　グラフト重合・ブロック重合　*126*
- 5　マトリックス重合　*128*
- 6　メリフィールド合成　*130*
- 7　ポリマーアロイ　*132*
- 8　改質剤　*134*
- コラム：ウルシ　*122*
- コラム：釣りざお　*124*
- コラム：鋳型　*128*
- コラム：シックハウス症候群　*136*

第IV部　高分子の機能　*137*

10章　高分子材料 ……………………………………………… *138*

- 1　高分子の種類　*138*
- 2　ゴム　*140*
- 3　繊維　*142*
- 4　特殊繊維　*144*
- 5　汎用樹脂　*146*
- 6　エンプラ　*148*
- 7　熱硬化性樹脂　*150*
- 8　複合材料　*152*
- コラム：無機高分子　*146*
- コラム：ノボラック, レゾール　*152*

11章　機能性高分子 …………………………………………… *154*

- 1　水で機能する高分子　*154*
- 2　熱で機能する高分子　*156*
- 3　光で機能する高分子　*158*
- 4　電気で機能する高分子　*160*
- 5　化学で機能する高分子　*162*
- 6　立体構造で機能する高分子　*164*
- 7　モノマーの異性化で機能する高分子　*166*
- 8　鋳型で機能する高分子　*168*
- コラム：プラスチック磁石　*156*

12章　高分子と環境問題 ……………………………………… *170*

- 1　高分子材料と環境問題　*170*
- 2　高分子材料のリサイクル　*172*
- 3　いろいろなリサイクル方法　*174*
- 4　生分解性高分子　*176*
- 5　環境循環型高分子材料　*178*
- 6　高分子を使った環境浄化　*180*

索引 ……………………………………………………………… *182*

はじめに

　学問に王道無しとは良く言われるとおりである．確かにそのとおりであろう．しかし，勉強にも王道は無いのだろうか？　道にぬかるみの道もカラー舗装の道もあるのと同様，勉強にももっと合理的な道があるのではないか．同じ努力をするにしても，もっと合理的な努力があるのではないか．本書「絶対わかるシリーズ」はこのような疑問を元に編集された，学部 1 年生から 3 年生向けのシリーズである．

　「絶対わかる」とは著者の側から言えば，「絶対わかってもらう」「絶対わからせる」という決意表明でもある．手に取ってもらえばおわかりのように，本書は右ページは説明図だけであり，左ページは説明文だけである．そして全ての項目について 2 ページ完結になっている．その 2 ページに目を通せば，その項目については完全に理解できる．説明図は工夫を凝らしたわかりやすいものである．説明文は簡潔を旨とした，これまたわかりやすいものである．

　説明は詳しくて丁寧であれば良いと言うものでは決してない．説明される人が理解できるのが良い説明なのである．聞いている人が理解できない説明は，少なくともその人にとっては何の価値もない．

　たとえ理解できる説明だとしても，断片的な知識の羅列では，知にはなっても知識にならない．結合を考えてみよう．イオン結合，二重結合，σ 結合，共有結合…と沢山の種類がある．これら個々の知識はもちろん大切である．しかし，それだけでは結合の全体像がつかめない．各結合の相対的な関係がわかって初めて結合と言うものの正しい認識が得られる．大切なのは知識の体系化である．

	種類			例
結合	イオン結合			NaCl
	共有結合	σ 結合	一重結合	H₃C−CH₃
		π 結合	二重結合	H₂C=CH₂
			三重結合	HC≡CH
	○×結合			

　上の表が頭に入っているか否かで結合の認識はかなり変わる．そしてこのよ

うな事は，文章による説明よりも図表によって示された方がはるかにわかりやすい．

　この例は本書のほんの一例である．

　本シリーズを読んだ読者はまず，わかりやすさにびっくりすると思う．そして化学はこんなに単純で，こんなに明快なものだったかとびっくりするのではないだろうか．その通りである．学問の神髄は単純で明快である．ただ，科学では,特に化学では自然現象を研究対象とする．そこには例外が常に存在する．この例外に目を奪われると学問は途端に複雑怪奇曖昧模糊なものに変貌する．研究を志す者は何時かはこのような魑魅魍魎(ちみもうりょう)に立ち向かわなければならない．

　著者が強調したいのは，そのためにも若い読者の年代においては単純明快な理論体系をしっかりと身につけてもらいたいということである．魑魅魍魎に魅了されるのはその後でなければならない．

　本シリーズで育った若い諸君の中から，何時の日か，日本の，いや，世界の化学をリードする研究者が育ってくれたら筆者望外の幸せである．

　浅学非才の身で，思いばかり先走る結果，思わぬ誤解，誤謬があるのではないかと心配している．お気づきの点など，どうぞご指摘頂けたら大変有り難いことと存じる次第である．最後に，本シリーズ刊行に当たり，お世話を頂いた講談社サイエンティフィク，沢田静雄氏に深く感謝申し上げる．

　平成17年6月

齋藤勝裕

　参考にさせていただいた書名を上げ，感謝申し上げる．
井上祥平，生体高分子，化学同人（1984）
中浜精一，野瀬卓平，秋山三郎，讃井浩平，辻田義治，土井正男，堀江一之，エッセンシャル高分子科学，講談社（1988）
高分子学会編，高分子科学の基礎（第2版），東京化学同人（1994）
井上賢三，岡本健一，小国信樹，落合洋，佐藤恒之，安田源，山下祐彦，高分子化学，朝倉書店（1994）
大澤善次郎，入門高分子科学，裳華房（1996）
戸嶋直樹，遠藤剛，山本隆一，機能高分子材料の化学，朝倉書店（1998）
横田健二，高分子を学ぼう，化学同人（1999）
宮下徳治，コンパクト高分子化学，三共出版（2000）
尾崎邦宏監，松浦一雄編著，図解高分子材料最前線，工業調査会（2002）
佐藤功，図解雑学プラスチック，ナツメ社（2004）

第Ⅰ部 高分子の構造

1章 身の回りの高分子

　高分子はポリマーともいわれ，小さな分子（モノマー）がたくさん集まって結合し，巨大な分子に成長したものである．高分子は，わたしたちの身の回りに多くの例があり，わたしたちは毎日，高分子に囲まれて生活している．そればかりでなく，わたしたち自身が高分子の集合体といってもよいようなものである．

　高分子化学の第1章として，身の回りにどのような高分子があるかを眺め，あわせて，本書が高分子化学をどのように扱っていくかを眺めておこう．

第1節 食べる高分子

　食卓の上を見回してみよう．おいしそうな食物がたくさん並んでいる．ご飯，パン，クッキーなどのデンプン．ステーキ，ハムなどの肉類．魚，貝などの魚介類．わたしたちの食卓は，色とりどりの食物で埋められている．

1 デンプン

　ご飯やパンはデンプンでできている．デンプンはわたしたちの体内に入ると，胃で加水分解されてグルコース（ブドウ糖）になる．ということは，デンプンはグルコースが集まってできていることを示唆する．

　そのとおりで，デンプンは何千個ものグルコース分子から，分子間で水が取れて結合した（脱水縮合）ものなのである．この場合，**グルコースをモノマー（単量体）**，そのグルコースがたくさん集まってできたデンプンを**ポリマー（多量体，高分子）**という．

2 タンパク質

　肉や魚はタンパク質が主成分である．タンパク質は体内に入ると，加水分解されてアミノ酸になる．すなわち，タンパク質も多くのアミノ酸が脱水縮合してできた高分子なのである．

　デンプンやタンパク質のように，**天然に存在する高分子を，特に天然高分子**ということがある．

身の回りの高分子

食べる高分子

第1節◆食べる高分子

第2節 家庭用品の高分子

わたしたちは，日常生活を送る上で，多くの道具や機械の世話になっている．これらの道具や機械も，多くの部分が高分子でできているのである．

1 キッチンの高分子

キッチンには多くの道具類が置いてある．キッチンはまさしく家庭の化学実験室のような場所である．ここには多くの高分子が活躍している．

ジュースやミネラルウォーターを入れるビンは，ペットボトルと呼ばれるプラスチック製であることが多い．プラスチックとは合成樹脂のことで，高分子の一種である．ペットボトルに用いられる高分子は，通称ペットと呼ばれる高分子であり，人工的に作り出された合成高分子である．

合成高分子にはそのほか，食物を包むラップフィルムや，スーパーでお刺身などを盛る発泡スチロールなど多くの種類がある．

2 リビングの高分子

リビングでも高分子は活躍している．イスやテーブルはプラスチック製品であることが多い．また，ちょっと見たところ木材からできているように見える家具も，実は薄板を貼り合わせた合板に，木目を印刷したプラスチックのフィルムを貼ったものであることが多い．

また，薄板を貼りあわせるのりも高分子である．さらには，観葉植物もよくできたプラスチック製であることが多い．

3 機械の高分子

高分子の性質は，日進月歩で進化している．熱に強い高分子，鉄のように硬い高分子，電気を通す高分子など，最近では，要望があればどのような性質の高分子でも作れるほどに高分子の合成技術は進歩している．

耐熱性と強度に優れた高分子は，特にエンジニアリングプラスチック（エンプラ）と呼ばれ，各種の機械，自動車，さらには航空機などにも使われている．

現代文明は，高分子に支えられた文明といっても過言でないほど，高分子は多方面で活躍している．

キッチンの高分子

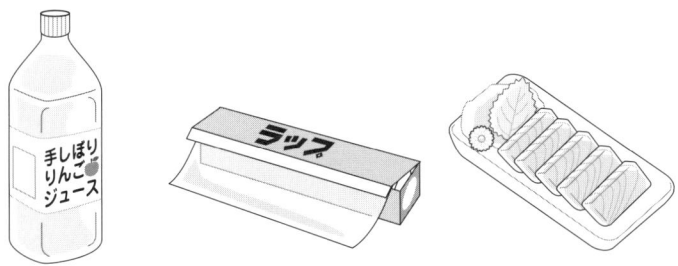

リビングの高分子

機械の高分子

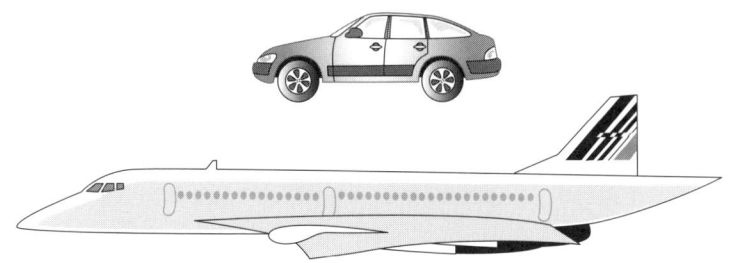

第3節 わたしも高分子

わたしたちは高分子に囲まれて生活しているが，実は，わたしたち自身が高分子からできているのである．

1 わたしも高分子

わたしたちの体は筋肉やゼイ肉という，肉を含んでいる．肉は第1節で見たように天然高分子である．また，わたしたちの体の中でエネルギーを貯蔵するものとしてグリコーゲンがあるが，グリコーゲンはデンプンと同じようにグルコースからできた高分子である

生物は体内で複雑な化学反応を行って生命を維持しているが，この生体反応に欠かせないものが，触媒作用をする酵素である．酵素はタンパク質であり，高分子である．このように，高分子は生物の物理的な体を作るだけでなく，生命活動に直接関与する重要な働きをしているのである．

2 遺伝も高分子

生命にとって，最も重要で崇高な働きは，生命の連鎖であろう．個体は滅んでも，種としては永遠に存在し続ける．それが生体のすばらしい特徴であり，それは遺伝を通じて行われる．

遺伝をつかさどるのは DNA，RNA といわれる核酸である．この核酸は2本の長い分子が絡まった二重らせん構造をしている．そして，おのおのの分子は，またも高分子なのである．DNA は4種の単位構造（モノマー）が脱水縮合した高分子とみなすことができる．

3 わたしたちを守るのも高分子

生命は弱くもろい．寒さに遭えば凍えて命を落とす．傷を受ければ，それが原因となって命を落とす．人は長い年月をかけて，自分の体を衣服で包む術を覚えた．今，衣服はわたしたちの生活になくてはならないものである．

衣服は，生命の防護という機能を越えて，わたしたちの精神生活にまで大きな影響を与えている．この衣服こそは，天然，人工を問わず，高分子の独断場なのである．

わたしも高分子

遺伝も高分子

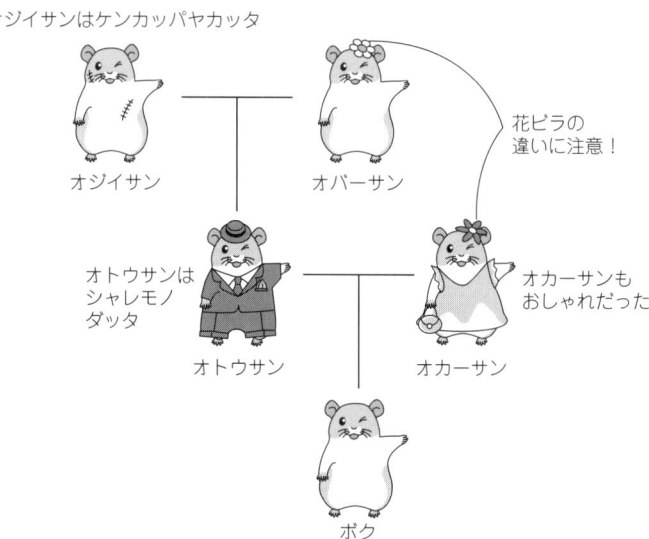

第4節 低分子と高分子

高分子とは分子量の大きい分子のことである．それに対して，分子量の小さい分子を低分子と呼ぶ．

1 分子量

わたしたちの身の回りには，多くの分子が存在する．水，酸素，二酸化炭素，ナフタレン，砂糖，各種医薬品．これらの分子の分子量は，水（18），酸素（36），二酸化炭素（44），ナフタレン（128），砂糖（342），各種医薬品（多くは1000止まり）である．このような分子を，低分子量なので低分子と呼ぶ．

それに対して，分子量の非常に大きな一群の分子がある．その分子量は一万から数百万に達する．このような分子は高分子量なので高分子と呼ばれる．

多くの分子は，分子量が100か200程度の低分子か，分子量1万以上の高分子かのどちらかである．分子量が数千の，大きい"低分子"は少ない．

2 高分子とは

高分子の特徴は分子量が大きいということである．しかし，それだけではない．図に示した分子はパリトキシンという，毒性を持った非常に"大きい低分子"（分子式 $C_{129}H_{223}N_3O_{54}$，分子量2677）である．その構造の複雑さは目を奪われるばかりである．構造決定した化学者には尊敬の念を禁じえない．

それでは，分子量がさらに大きい高分子は，どんなに複雑な構造をしていることか？ 恐れることはない．高分子の構造は多くの場合，単純である．多くの原子から構成され，分子量が巨大であるにもかかわらず，単純な構造？そのようなことがあるのだろうか？それがあるのである．

なぜなら，高分子は，繰り返し構造の連続なのである．女性の真珠のネックレスを思い出していただきたい．長いネックレスも，多くの真珠を糸でつないだだけである．高分子も同様である．高分子は多くの低分子（多くの場合，ただ1種類の）がつながって，大きな分子になっているのである．デンプンという分子量数百万に達する高分子は，グルコースという分子量180の低分子がつながったものなのである．ポリエチレンに至っては，分子量28のエチレンがつながっただけである．

第1章◆身の回りの高分子

分子量

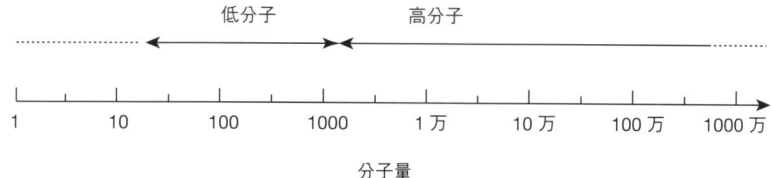

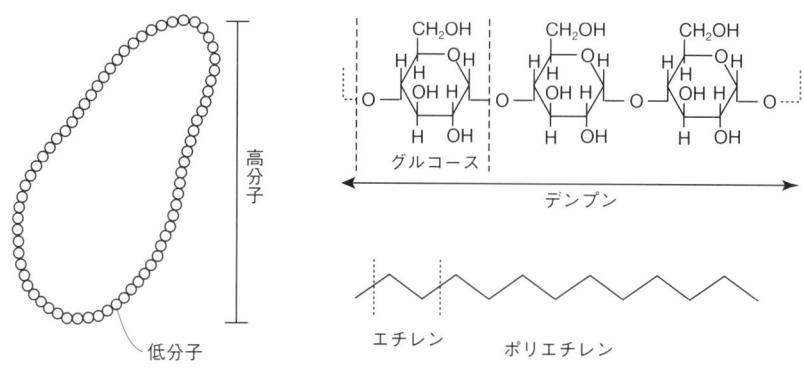

高分子とは

第5節 高分子の特徴

　高分子は非常に分子量の大きい，長い分子である．同じ高分子でも，その長さにはばらつきがある．そのため高分子の性質には幅が出てくる．

1 高分子を熱したら

　物質には，固体，液体，気体の三態がある．固体を加熱すると融点で液体になり，さらに熱すると沸点で気体になる．

　しかし，固体の高分子を加熱しても，はっきりした融点は示さない．固体高分子を熱すると，ガラス転移温度で軟らかいゴム状になる．さらに熱すると融点で流動性のある液体となるが，明確な融点を示さないものもある．また，液体高分子をさらに加熱しても，気体になることはない．これは高分子の分子量が大きいせいである．

　このように，**ガラス転移温度，融点を持つものは高分子のうちの一部であり，熱可塑性高分子と呼ばれるものである．熱硬化性高分子は，加熱しても軟化せず，加熱を続けるとやがて焦げて燃えてしまう．**

2 高分子を変形したら

　アイロンでプレスしたズボンの折り目は，はじめはクッキリとしているが，やがて消えていく．歯ブラシは，使っているうちに毛先が広がり，やがて使いものにならなくなる．

　鋼板に力をかけると曲がる．しかし，力を取り除くと直ちに元の形に戻る．これは弾性体の特徴である．一方，液体は容器の形に合わせてどのような形にでも流れ，変形する．これは粘性体の特徴である．

　固体の高分子に力をかけると変形するが，力を取り去ると元に戻る．これは弾性体の性質である．しかし，戻りかたは鋼板の戻りかたほど速くなく，しかも完全ではない．そして力をかけたままにしておくと変形する．これは，高分子が非常に遅い速度で流れているためと考えられ，高分子が流れる粘性体としての性質を持っていることを示す．

　高分子の特徴は，弾性体と粘性体の両方の性質を持っていることである．これを粘弾性体という．

高分子を熱したら

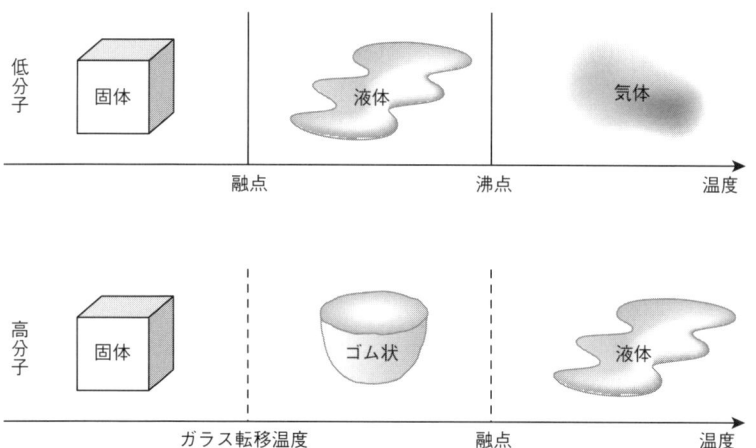

高分子を変形したら

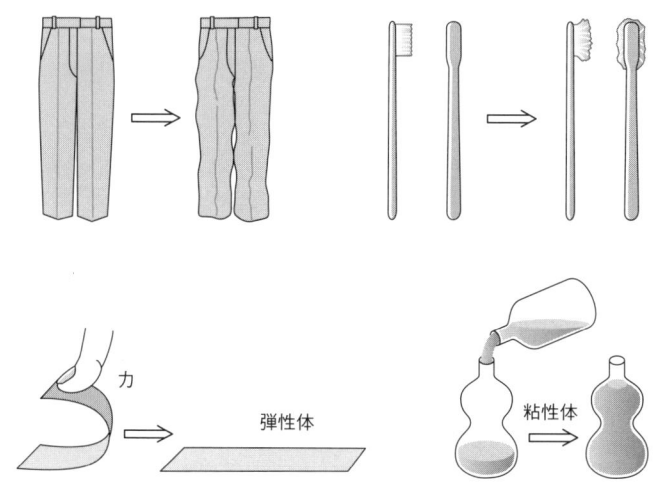

第6節 高分子を作るには

　高分子が多数の低分子の結合したものであることが広く学会で認められたのは，ドイツの科学者スタウディンガーの功績による．1920年代末のことである．

　しかし，合成高分子は当時もすでに開発されていた．フェノール樹脂（ベークライト）が商品化されたのは1910年代であり，ポリエチレンも1930年代には商品化されていた．しかし，合成樹脂の華々しい登場は，アメリカ，デュポン社のカロザースによるナイロンの発明であろう．

　その後，新しく，性能の優れた数々の高分子が開発された．高分子の合成法は，第7，8章で詳しく見るが，ここでちょっと眺めておこう．

1 低分子が結合する

　高分子の合成法はいろいろあるが，最もわかりやすいのは，**多くの低分子が結合するものであろう．このような反応を重合という．**

　例に示したのは，塩ビの通称で親しまれているポリ塩化ビニルの生成反応である．多数の塩化ビニル分子が次々と結合したものにすぎない．

2 低分子が小さい分子を脱離しながら反応する

　カルボン酸とアルコールが反応すると，水とエステルができる．このように，**水やアンモニアのような小さな分子を脱離しながら，多くの低分子が結合していくやりかたである．このような反応を重縮合反応という．**

　例に示したのはナイロン6である．1分子内にカルボキシル基とアミノ基を持つ化合物が，水を脱離しながら結合していく．

　高分子の用途，構造，特徴，合成法を眺めてきた．高分子がどのようなものかについて，おぼろげながら輪郭が見えて来たのではなかろうか．スタウディンガーの功績から百年．高分子の化学は化学の歴史の中では新しいほうであろう．しかし，日常生活は言うに及ばず，各種産業界に占める高分子の位置は年々高まりつつある．今や，高分子を欠いての社会活動は考えられないほどになっている．それでは，次章から，高分子について詳しく見ていくことにしよう．

低分子が結合する

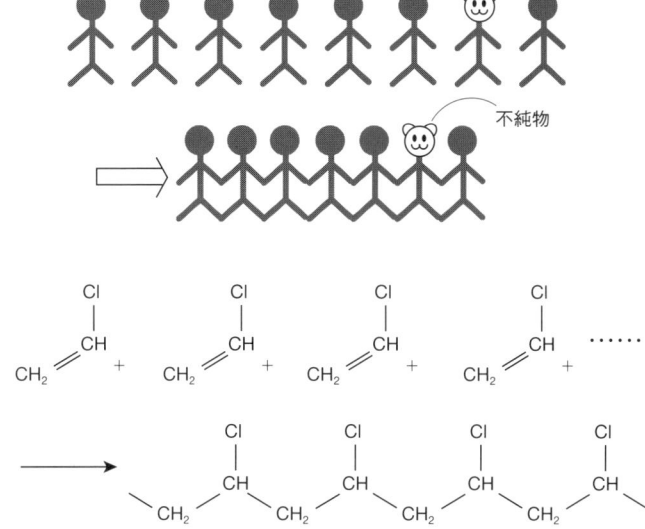

小さい分子を脱離しながら結合する

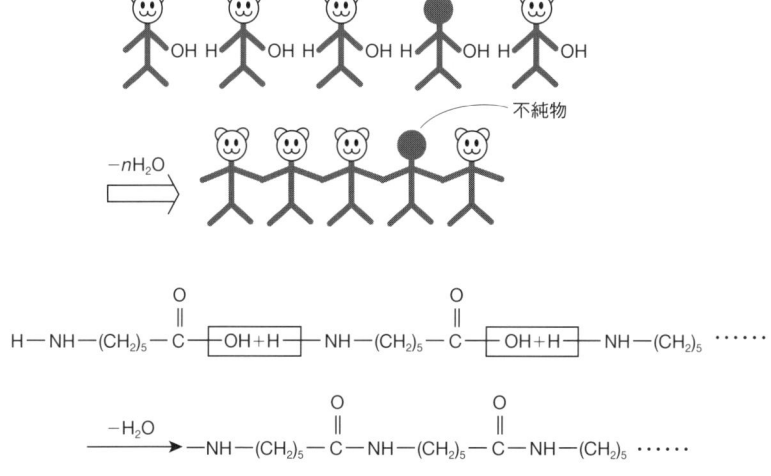

2章 原子から低分子へ

　高分子化合物の特色は二つある．一つは分子量が大きいことであり，もう一つは繰り返し単位があることである．そのため，高分子化合物を多量体（ポリマー）といい，繰り返し単位を単量体（モノマー）ということがある．モノマーは普通の分子（高分子に対して低分子）である．したがって，高分子を知るためには，低分子を知らなければならない．

第1節 原子の構造

　分子は原子からできた構造体である．何種類かの原子が何個か結合して分子を作る．分子を知るためには，原子を知らなければならない．

1 電子構造

　原子は雲でできた球のようなものである．雲の部分が電子（電子雲）であり，その中心に非常に小さい（直径で原子の1万分の1程度）原子核がある．原子の質量の99.9％以上は原子核のものである．
　電子は原子核の周りにある電子殻に入る．電子殻には原子核の近くからK殻（2個），L殻（8個），M殻（18個）などがあり，各電子殻に入ることのできる電子の個数は，（　）の中に示したように決まっている．

2 原子の特性

　高分子化合物によく出てくるいくつかの原子の特性を表にまとめた．
　原子番号と原子量は覚えるべき数値の筆頭に来るものである．結合手の数は，共有結合をする場合に，何個の原子と結合することができるかを表すものである．ただし，二重結合では2本，三重重結合では3本を使うものとする．
　原子の性質には周期表の順に従って変化するものがある．電気陰性度は，C，N，O，Fと周期表の右にいくほど大きくなる．すなわち，右にいくほど電気的にマイナスになる傾向が強い．反対に，この順で小さくなっているのが原子半径である．これは原子番号が増せば原子核のプラスの電荷量が増えるわけであり，電子雲を強く引き付けるようになるせいである．

原子の構造

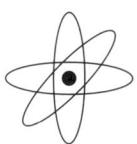 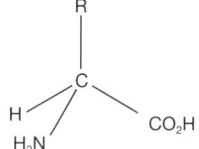 

ハムの回し車ではナイ
ベンゼンデアル

電子構造

 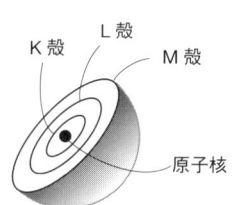 

原子を二つに割った図です

原子の特性

元素記号	H	C	N	O	F	Cl
原子番号	1	6	7	8	9	17
原子量	1	12	14	16	18	35.5
結合手	1	4	3	2	1	1
電気陰性度	2.1	2.5	3.0	3.5	4.0	3.5
半径（pm）*	79	91	75	65	55	98
大きさの比較	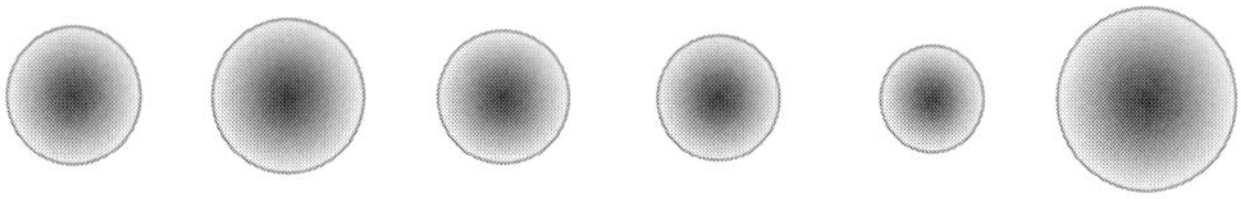 ●	●	●	●	●	●

*1pm = 10^{-12}m

第2節 軌道

　原子に属する電子は電子殻に入るが，電子殻は軌道から構成されている．したがって，電子は最終的に軌道に入ることになる．

1 軌道のエネルギー

　電子の属する電子殻，軌道には，それぞれ固有のエネルギーがある．それを図に示した．

　原子，分子では電子のエネルギーをマイナス側に計る．マイナスに深くなるほど安定で，0に近づくほど不安定となる．エネルギー0は原子に属さない自由電子の位置エネルギーである．

　殻で考えるとK殻が最も安定であり，L殻，M殻と高エネルギーになっていく．各殻は軌道に分かれており，K殻にはs軌道しか存在しないがL殻には1本のs軌道と3本のp軌道が存在する．

2 電子雲

　図に示したのは，各軌道に属する電子の電子雲である．そのため，この図は軌道の形を表すものである．s軌道は球形である．p軌道は球が2個連結された形であり，本書ではみたらし（団子）型と表現しておく．そうすると結合を考える場合に理解しやすい．3本のp軌道は形，エネルギーともまったく等しいが，その方向だけが違っている．

3 電子配置

　原子に属する電子は軌道に入る．電子殻の場合と同様に，軌道にも入れる電子の個数が決まっている．各軌道に最大2個である．電子はエネルギーの低い軌道から順に入る．電子は自転（スピン）をしており，その方向には右向きと左向きがある．それぞれを上向き，下向きの矢印で表す．そして，1本の軌道に2個の電子が入る場合には，必ずスピンの向きを逆にしなければならない．

　このような約束に従って電子を入れることを電子配置という．図にいくつかの原子の電子配置を表した．対を作らない電子を不対電子という．前節の結合手の本数は，この不対電子の個数に一致している．

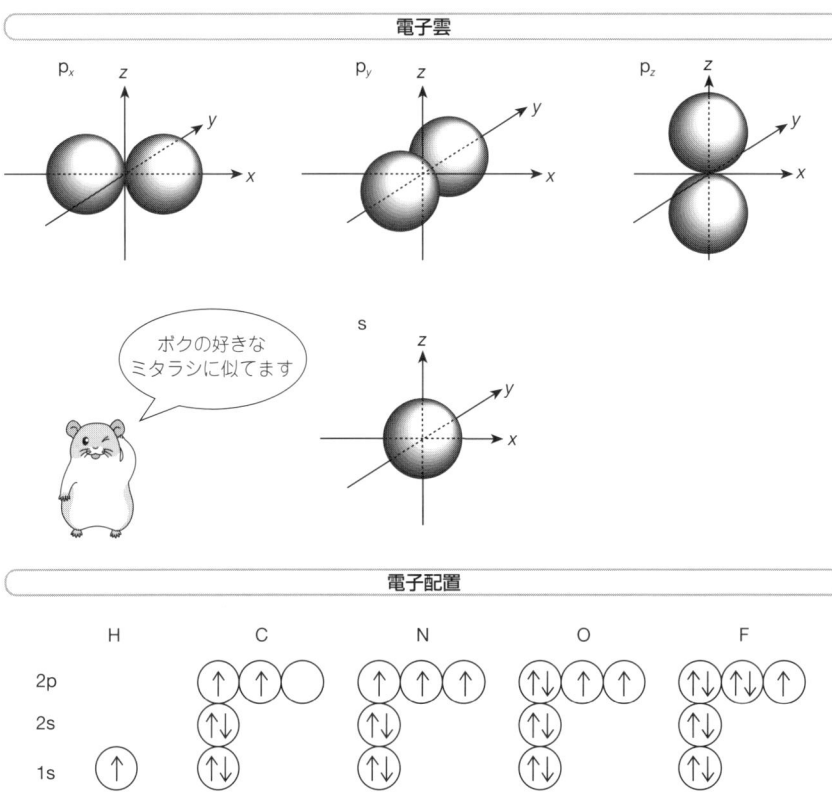

第3節 化学結合

原子と原子を結びつけて分子を構築する力が化学結合である．その意味で化学結合は高分子化合物を作り上げる基本的な力である．

1 結合の種類

化学結合には多くの種類がある．そのうち，代表的なものを表にまとめた．

化学結合には原子の間に働いて分子を構成する，いわゆる普通の化学結合と，分子間に働いて分子を集団にまとめる分子間力がある．原子間の結合にはイオン間に働くイオン結合と，中性の原子間に働く共有結合がある．

高分子化合物の分子を構成する力は主に共有結合であるが，高分子化合物の性質には分子間力が大きく関係している．

2 共有結合

炭素原子を中心とした分子を構成する力は共有結合である．その意味で，共有結合は高分子化合物を実際に作り上げている力である．

共有結合は，結合する2個の原子が互いに1個ずつの結合電子を出し合うことによって構成される．このため，原子が互いの結合電子を共有する形式になるので共有結合という．共有結合の本質は，結合する原子の間に存在する2個の結合電子雲と原子核の間の静電引力である．

3 結合手

共有結合は，模式的に原子間の握手で表されることがある．第1節で見た結合手がこの握手に使う腕である．**共有結合は互いに1個ずつの電子を出し合って結合するので，結合手は実際には不対電子であり，結合手の本数は不対電子の個数に等しい．**そのため，水素原子の結合手は1本である．

前節の電子配置によれば，炭素の不対電子は2p軌道の2個であり，炭素原子の結合手は2本ということになりそうである．しかし，炭素は結合するときに，2s軌道の電子を1個2p軌道へ移動させる．この結果，炭素の不対電子は4個となり，結合手も4本あることになる．

結合の種類

	結合名			例
原子間	イオン結合			NaCl
	共有結合	σ 結合	一重結合	ポリエチレン
		π 結合	二重結合	ポリアセチレン
			三重結合	ポリアクリロニトリル
分子間	水素結合			水
	ファンデルワールス力			ヘリウム , ベンゼン
	疎水性相互作用			

共有結合は高分子化合物を作るたいせつな結合デース

共有結合

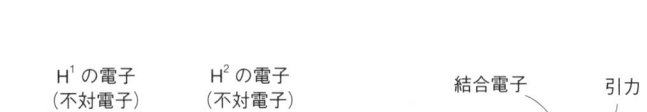

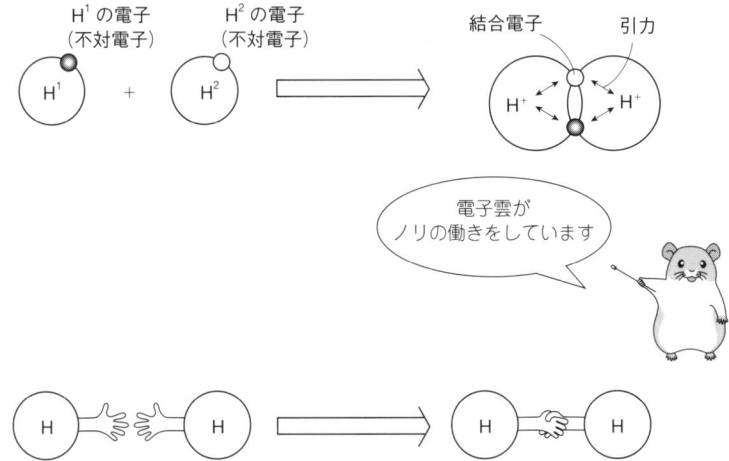

電子雲がノリの働きをしています

第4節 σ結合とπ結合

共有結合にはσ結合とπ結合がある．これらはまったく違うタイプの結合であり，両者が合わさって二重結合，三重結合という不飽和結合を構成する．

1 σ結合

第2節でp軌道をみたらし団子の形にたとえた．早速そのたとえが役にたつ．

2本のみたらし（p軌道）を結合することを考えよう．一つの方法として，互いにくしで刺し合うようにして結合することが考えられる．実際にこのような結合があり，それをσ結合という．σ結合を構成する結合電子をσ結合電子雲（σ電子雲）という．

σ結合の特色は，次項で見るπ結合に比べて強固（結合エネルギーが大きい）であることと回転できることである．「回転できる」という意味は，図に示したように，片方の原子を固定して，もう一方の原子を回転させることができるという意味である．

すべての一重結合はσ結合でできており，その意味でσ結合は高分子化合物の骨格を作る結合である．

2 π結合

みたらし団子を接合するもう一つの方法は，2本のみたらしを並べて，各団子の横腹をくっつける方法である．このようにしてできた結合をπ結合という．前項のσ結合に比べてお団子の接着面積が違い，そのため強度的にσ結合より弱くなる．

このような接着は2本のみたらしが平行になっていて初めて成り立つ．平行が崩れたら接着は消えてしまう．図で原子Aのみたらしを固定しておいて，原子Bのみたらしを結合軸の周りに回転させれば，接着は失われる．このため，π結合は回転できないことになる．あるいは，π結合を回転させるためには，π結合を切断するだけのエネルギーが必要となる．

π結合を構成する結合電子雲をπ結合電子雲（π電子雲）という．π電子雲は何個かのπ結合が連なると互いに連結して広がる性質があり，このため，分子の性質に大きく影響する．

σ結合

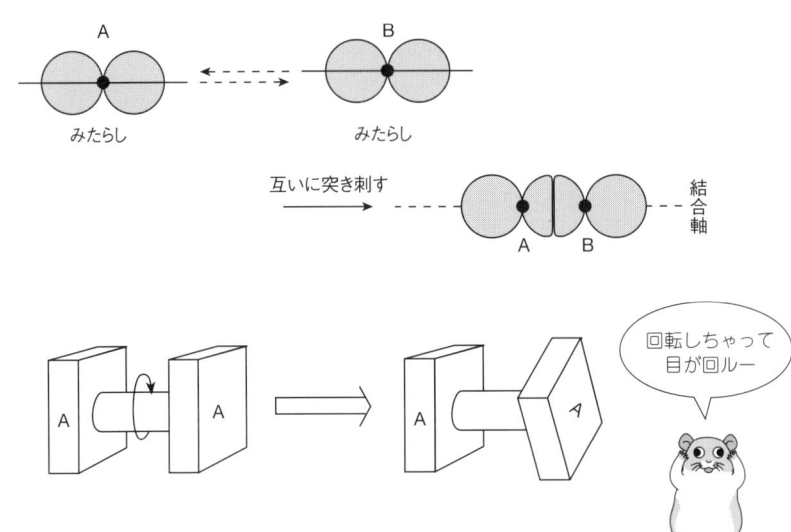

π結合

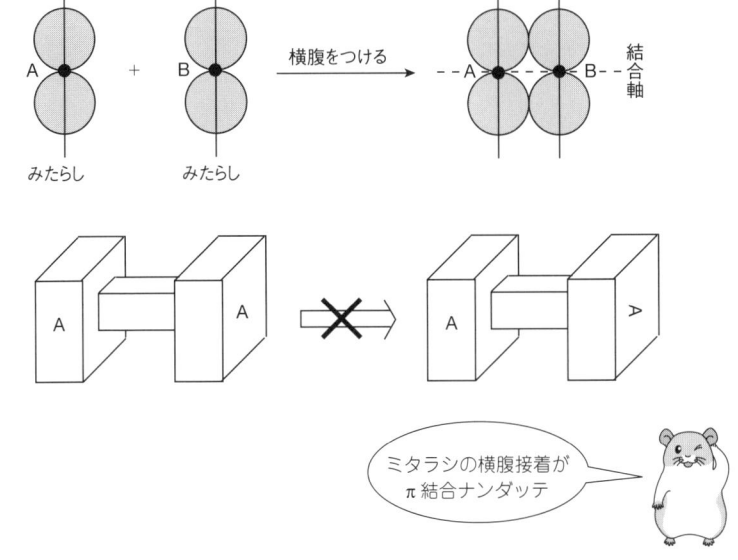

第5節 単結合（一重結合）

　非常に簡単にいうと，2個の原子が互いに1本ずつの結合手で結合したのが単結合（一重結合，飽和結合）である．炭素は互いに，単結合，二重結合，三重結合のどれかで結合できる．

1 混成軌道

　最も簡単な構造の有機分子はメタン CH_4 である．本書で扱う高分子化合物も有機分子であるから，メタンは高分子の基本的な構造を表している．

　本章第2節でs軌道とp軌道を見たが，メタンを構成する炭素の電子は，このようなs軌道，p軌道に入っているわけではない．**メタン炭素の電子が入る軌道は，s軌道とp軌道とが再編成した軌道で，このような軌道を混成軌道という**．メタンの炭素は，s軌道1本とp軌道3本を使って混成しているので，このような混成軌道を sp^3 混成軌道という．

2 メタンの構造

　sp^3 混成炭素の4本の sp^3 混成軌道は，**互いに正四面体の頂点方向を向くように配置されるため，互いの角度は109.5度となる**．このような炭素と4個の水素原子から構成されるのがメタンであり，その結合のようすは図に示したものである．すべての C－H 結合は σ 結合である．

3 エタン

　炭素間の一重結合を含む最も小さな分子がエタンである．エタンを構成する炭素原子も，メタンと同様 sp^3 混成軌道を用いている．このような炭素2個と6個の水素原子から構成されるのがエタンであり，その結合のようすは図に示したものである．C－C 結合，C－H 結合ともに σ 結合である．エタンのすべての結合角度は109.5度である．

　この角度はエタンにとどまらず，単結合からなる高分子のすべての結合角度も109.5度となる．

　このように σ 結合のみで成り立つ結合を一重結合という．したがって，C－C 結合は回転可能である．

メタン

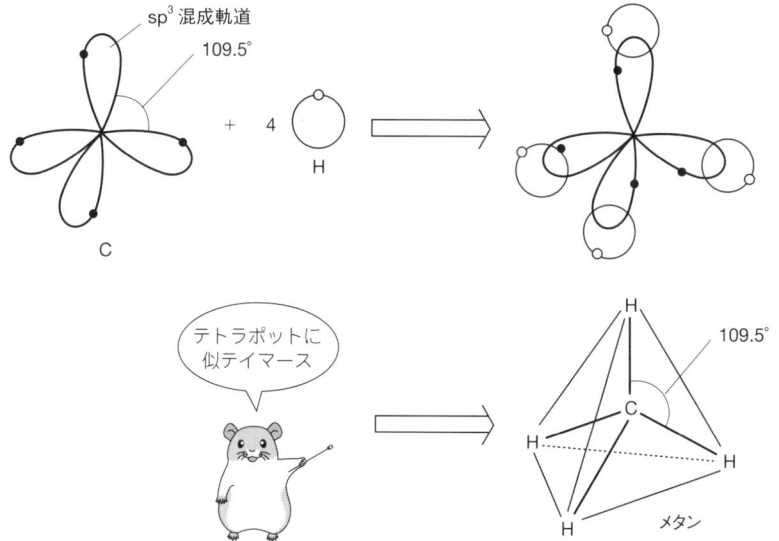

エタン

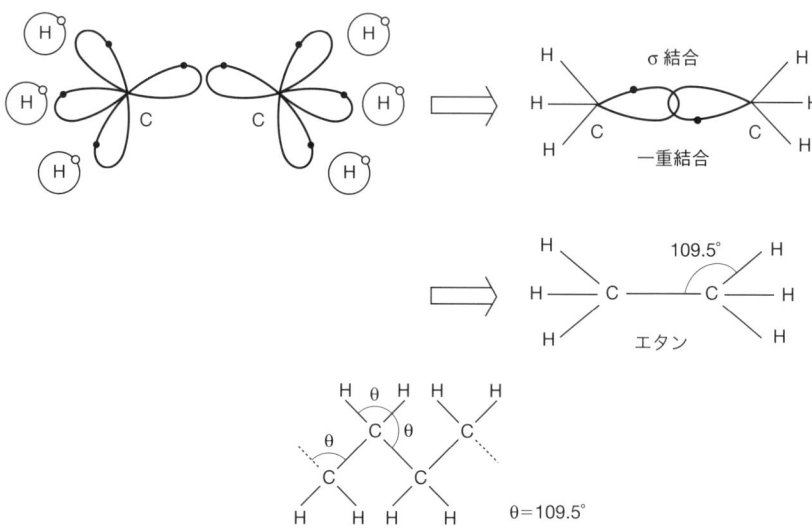

第6節 二重結合

　原子が 2 本ずつの結合手で結合したのが二重結合である．二重結合は高分子でもポリアセチレンの骨格結合としてたいせつであり，また，ポリスチレンなどに含まれるベンゼン骨格を構成する結合として重要なものである．

1 sp² 混成軌道

　二重結合を含む分子の代表はエチレンである．**エチレンの炭素は s 軌道 1 本と p 軌道 2 本を使って混成している．このような混成を sp² 混成といい，3 本の混成軌道は同一平面上にあって，互いに 120 度の角度を保っている．**

　sp² 混成炭素には，混成に関係しなかった 1 本の p 軌道がそのままの形で残っている．

2 エチレン

　sp² 混成炭素 2 個と 4 個の水素原子で作った分子がエチレンである．混成軌道を使って C－C σ 結合と 4 本の C－H σ 結合を構成する．各炭素上に残った，合計 2 本の p 軌道は第 4 節で見た π 結合を構成することになる．

　このように，C＝C 二重結合は σ 結合と π 結合で結合されている．決して同じ結合手で二重に結合しているのではない．**二重結合に含まれる π 結合は回転不可能であるので，二重結合も回転できない．**

3 ベンゼン

　ベンゼンは，6 個の炭素と 6 個の水素からできた環状構造の分子である．その構造は **A** に示すように，**単結合と二重結合が交互に並ぶ．このような結合を共役二重結合と呼ぶ．**

　ベンゼンの炭素はすべて sp² 混成である．そのため，ベンゼンの 6 個の炭素上には 6 本の p 軌道が平行に並ぶので，**すべての炭素原子の間で π 結合が構成される．**このような π 結合は非局在 π 結合と呼ばれ，分子全体に広がる π 結合である．そのため，ベンゼンの構造は **A** より，**B** で表したほうが実態を表していることになる．

　なお，エチレンのように 1 箇所にとどまる π 結合を局在 π 結合と呼ぶ．

エチレン

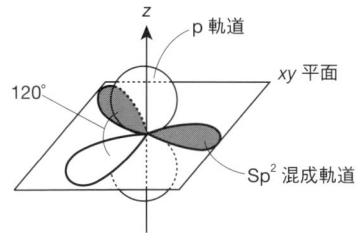

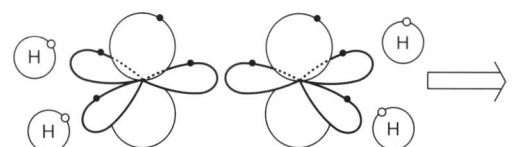 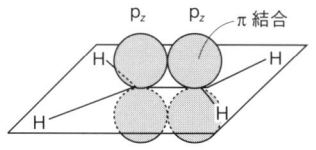

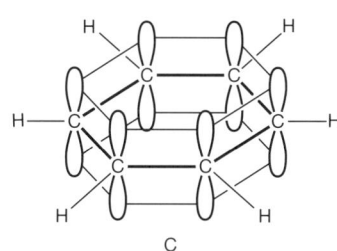

エチレン

ベンゼン

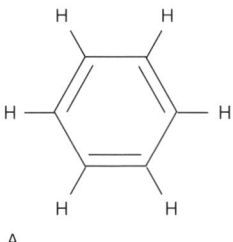

A

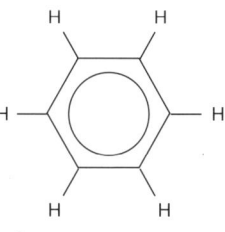

B

C

第7節 立体異性

有機化合物には無数といってよいほどの種類がある．このように多くの種類がある理由の一つが，異性体の存在である．異性体とは分子式が同じで構造式の異なるものをいう．高分子では分子の立体構造が問題になることが多い．ここで，異性体の一種である立体異性体について見ておこう．

1 光学異性

右手を鏡に映すと左手とそっくりである．しかし，**右手と左手は異なる手であり，重ね合わせることはできない．2 個の分子がこのような関係にあったとき，2 個の分子は鏡像の関係にあり，互いに光学異性体であるという．**

図に示した分子 **A**，**B** はともに同一の分子式 CWXYZ を持っているが，**A** と **B** を重ね合わせることはできず，両者はまったく異なる分子であり，互いに光学異性体である．このような関係は炭素につく 4 個の置換基，W，X，Y，Z がすべて異なるときには必ず起こる現象であり，このような炭素を不斉炭素という．

高分子の一種であるタンパク質は多数のアミノ酸分子が連結したものであるが，アミノ酸の分子式は $CHR(NH_2)(CO_2H)$ であり，不斉炭素があるので，光学異性体が存在する．

2 回転異性体

C－C 一重結合は σ 結合であり，そのため回転可能である．

図はエタンを C－C 結合の周りで回転させたものである．両方の炭素についた水素の相対位置を見ると図のニューマン透視図に示した二つの両極端があることがわかる．一つは両方の水素が重なった形 **A** であり，一つはハスカイになった形 B である．水素原子の立体反発のため，**A** がいくぶん高エネルギーとなっている．

図は，C－C 結合回転に伴うエネルギー変化を表したものである．HCH の角度が 60 度，180 度のときが安定であり，0 度，120 度の角度では不安定である．このように，σ 結合は回転可能であるが，実際の分子に組み込まれると，立体的な事情から，いくぶんかの回転に伴うエネルギー障壁が生じる．**このように，回転によって生じる異性体を回転異性体という．**

光学異性

R
H — C — CO₂H
NH₂
W
C*
X
Y
Z
A
B

ボクは
左右非対称デース
一応

回転異性

H
C
A
B

E (kcal/mol)
3
θ
0
60
120
180
240
300
360°

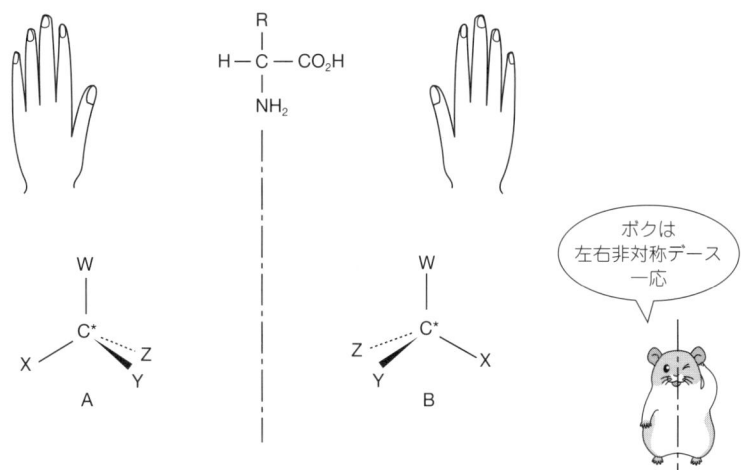

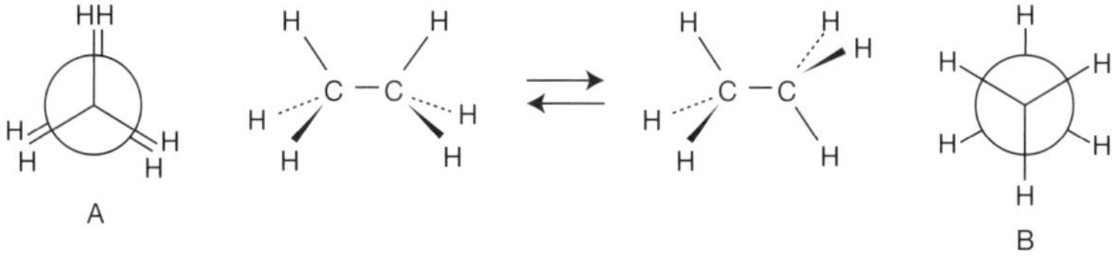

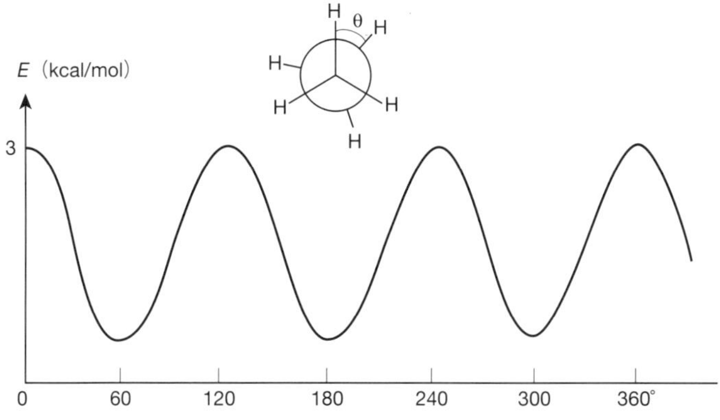

第8節 分子間力

結合は原子の間に働くものだけではない．分子間にも結合，引力が働き，このような力を分子間力という．高分子は分子長が非常に長いものが多く，そのため，互いに接する面積が大きいため，分子間力の働く要素が大きくなる．

1 水素結合

水を構成する酸素原子（3.5）と水素原子（2.1）とでは電気陰性度が異なる．このため，O-H 間の σ 結合電子雲は酸素原子に引き寄せられる．その結果，酸素はいくぶんマイナス（δ−）に，水素はいくぶんプラス（δ+）になる．この部分電荷 δ− と δ+ の間に働く静電引力が水素結合である．

2 ファンデルワールス力

電気的に中性の分子の間にも分子間力が働く．それがファンデルワールス力である．ファンデルワールス力は 3 種の力の混合物であるが，そのうち，分散力を見てみよう．分子は原子核の連続したプラス電荷部分と，電子雲のマイナス電荷部分に分けて考えることができる．この両者の中心が一致していれば分子は電気的に中性である．しかし，電子は軟らかく浮動（揺らぎ）している．このため，瞬間的に中心がずれると，分子にプラスの部分とマイナスの部分ができる．これに引かれるように，隣の分子にも電荷が現れ，両者の間に静電引力が働くことになる．これが中性分子間にも引力が働く理由である．

3 疎水性相互作用

水と油（疎水性分子）は混ざらない．それを無理に混ぜたらどうなるだろうか．もし，均一に混ざったら図 A の状態になる．しかし，これでは油は分子の四面を水に取り囲まれる．それを避けるにはどうすればよいか．図 B のように，油が寄せ集まったらどうだろうか．各油分子の二面は水に接するが，残り二面は接しなくてすむ．このように，水中の油分子は水に囲まれてしかたなく集まる．

このような力を疎水性相互作用という．これは，満員電車の中でしかたなく寄せ集まるようなもので，引力といえるかどうかは問題である．そのため，相互作用ということが多い．

水素結合

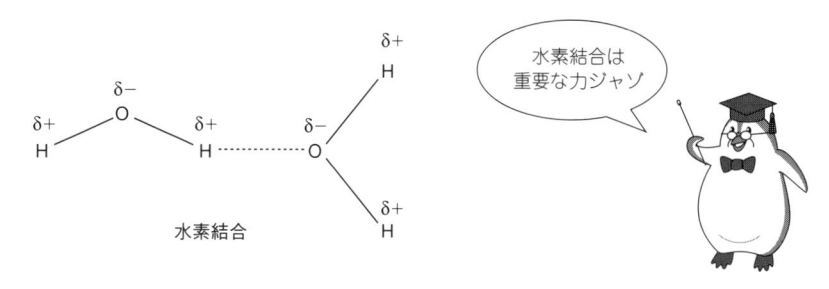

$\delta+$ $\delta-$ $\delta+$ $\delta-$ $\delta+$
H—O—H······O—H
　　　　　　　　　　 $\delta+$
　　　　　　　　　　 H

水素結合

「水素結合は重要な力ジャソ」

ファンデルワールス力

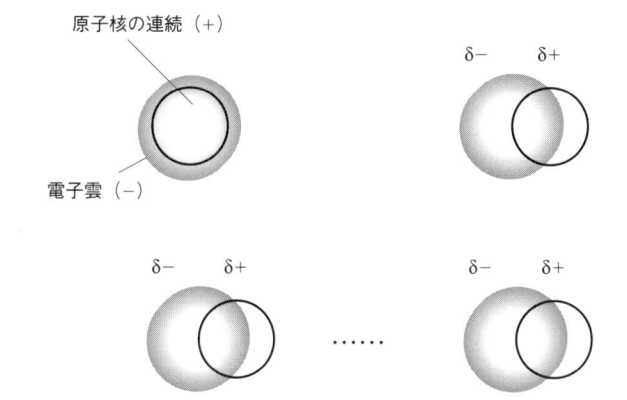

原子核の連続（＋）
電子雲（−）

$\delta-$　$\delta+$

$\delta-$　$\delta+$　……　$\delta-$　$\delta+$

疎水性相互作用

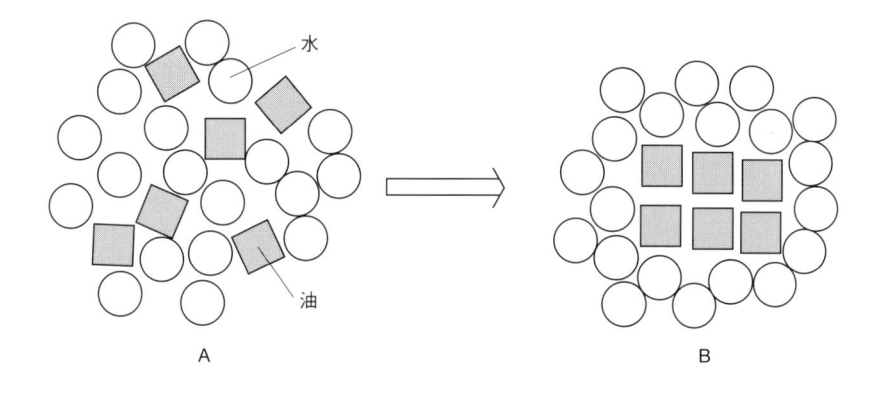

水
油

A → B

3章 低分子から高分子へ

　高分子化合物は小さな分子，あるいは普通の大きさの分子（低分子）が連結したものである．それは JR の客車が何両もつながって長い列車になり，子どもたちが手をつないで行列を作るようなものである．

第1節 低分子と高分子

　低分子と高分子の違いは連結する分子の個数である．

1 握手による分子構造

　原子の結合は複雑であるが，ここでは単純化して握手でたとえてみよう．大前提として水素の握手の腕は 1 本，炭素の腕は 4 本という事実がある．

　メタンは炭素の 4 本の手が 4 個の水素と握手したものである．この場合の炭素の手は sp^3 混成なので，角度は 109.5 度である．エタンでは C－C 間の握手が入るが，炭素の手の角度は 109.5 度である．プロパンも同様である．

　エチレンは二重結合を持つ．二重結合は σ 結合と π 結合からなる結合である．しかし，ここでは単純化して炭素が 2 本の手で握手したものとする．炭素は sp^2 混成であるから，結合角は 120 度となり，エチレンは平面形の分子である．アセチレンは三重結合であるから，握手のたとえでは 3 本の手による握手となる．この場合の炭素は sp 混成であるから，炭素の結合角度は 180 度である．

2 モノマーからポリマーへ

　原子間の握手でできた低分子が，分子間で握手してつながると高分子になる．低分子が結合する場合，その個数にはいろいろの場合がある．化学では数字を表す数詞としてラテン語を用いる．それによれば 1 ＝モノ，2 ＝ダイ，3 ＝トリ，4 ＝テトラ，……，たくさん＝ポリである．

　1 個の低分子を単量体（モノマー）という．2 個結合したものは二量体（ダイマー）であり，3 個ではトリマーとなる．数個から数十個の適当な個数のものをオリゴマーという．そして数千，数万個という個数になると多量体（ポリマー）という．高分子化合物はこの多量体（ポリマー）のことである．

低分子から高分子へ

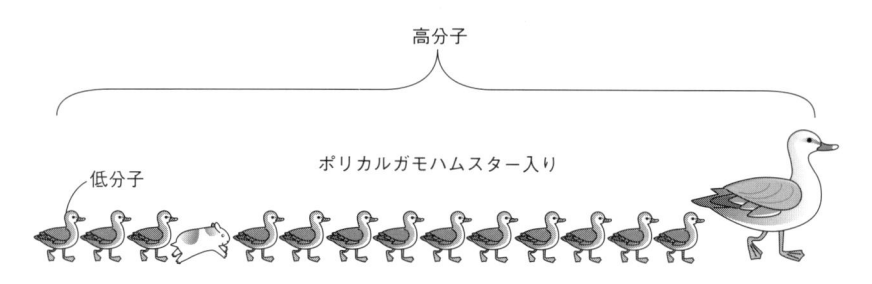

高分子

低分子　ポリカルガモハムスター入り

握手による分子構造

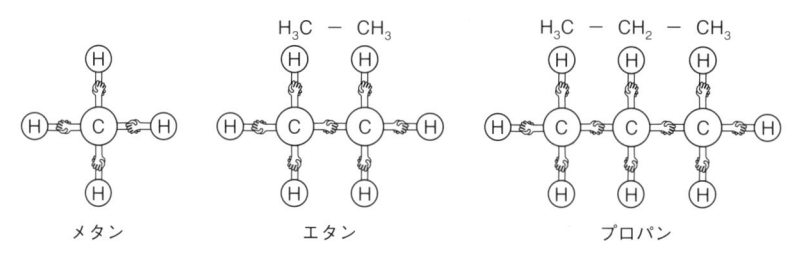

メタン　エタン　プロパン

エチレン　アセチレン

モノマーからポリマーへ

単量体
モノマー

二量体
ダイマー

数十個
オリゴマー

多量体
ポリマー

第2節 エチレンからポリエチレンへ

　低分子はどのようにして高分子に変化するのか．そのようすを，エチレンからポリエチレンができる過程を例にして見てみよう．

1 エチレンからジラジカルへ

　ポリエチレンはポリ（たくさん）のエチレンということであり，低分子のエチレンが多数個連結して高分子（ポリマー，多量体）になったものである．ポリエチレンのできる過程を見てみよう．

　エチレン **1** の C＝C 結合は，2 個の炭素が 2 本の手で握手したものである．いま，結合している 2 個の炭素が，互いに片方の握手を離したとしよう．すると両方の炭素の手が 1 本ずつ，結合せずに余った状態となる．このような手は，電子的に見れば，対を作っていない電子に相当し，不対電子といわれるものである．**不対電子を持つ原子団を一般にラジカルという．2 は不対電子を 2（2 ＝ジ）個持つのでジラジカルと呼ばれる．**

　不対電子は，何か相手を見つけて結合しようとするので，ラジカルやジラジカルは非常に反応性が高く不安定な分子種である．

2 ジラジカルからポリエチレンへ

　ジラジカル **2** が 2 個集まって互いに握手をすると **3** になる．**3** はエチレンが 2 個結合したダイマーであるが，両端の炭素に手が余った状態，すなわちジラジカルであり，不安定である．そのため，周りに適当な分子 A_2 があると，結合して安定な分子 **4** となる．

　もし A が H なら A_2 は水素分子であり，**4** はブタンとなる．これはエチレンが 2 個結合したものであるから，エチレンのダイマーが基本になった分子と考えることもできる．

　1 から **2** ができ，**2** から **3** ができたのと同様の過程を，多数のエチレンが行えば，何万個ものエチレンが連結することが可能となり，最終的にポリエチレンになることになる．ここで注意したいのは炭素の混成軌道の状態である．エチレンの炭素は sp^2 混成であるが，3,4 の炭素は sp^3 混成である．すなわち，ポリエチレンの炭素はすべて sp^3 混成なのである．

エチレンからジラジカルへ

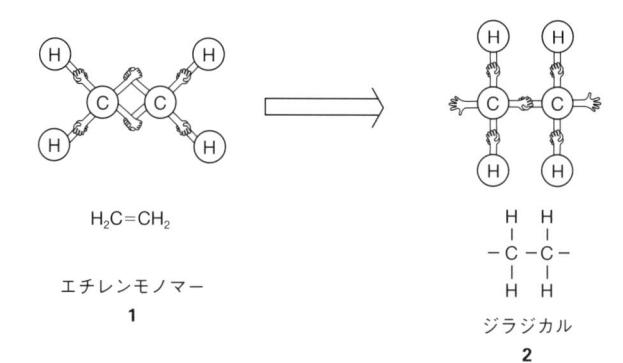

$H_2C=CH_2$

エチレンモノマー
1

ジラジカル
2

ジラジカルからポリエチレンへ

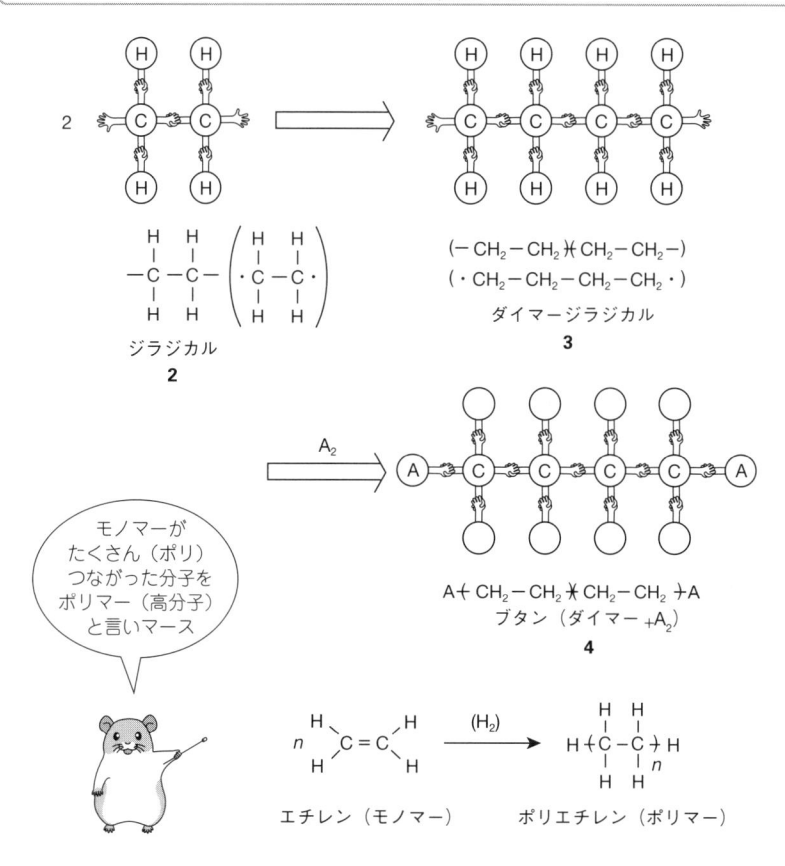

ジラジカル
2

$(-CH_2-CH_2-)(CH_2-CH_2-)$
$(\cdot CH_2-CH_2-CH_2-CH_2\cdot)$

ダイマージラジカル
3

A_2

$A(CH_2-CH_2)(CH_2-CH_2)A$
ブタン（ダイマー $+A_2$）
4

モノマーがたくさん（ポリ）つながった分子をポリマー（高分子）と言いマース

$n\ H_2C=CH_2 \xrightarrow{(H_2)}$ $H(CH_2-CH_2)_n H$

エチレン（モノマー） ポリエチレン（ポリマー）

第3節 アセチレンからポリアセチレンへ

　アセチレンがポリマー化すればポリアセチレンとなる．ポリアセチレンは導電性高分子として，白川博士を2001年ノーベル賞へ導いた高分子である．

1 アセチレンからジラジカルへ

　アセチレンは，2個の炭素が3組の手で握手した三重結合を持つ分子である．この3組の握手のうち，1組を解いたのがジラジカル**2**である．**2**は2個の炭素が二重結合で結合し，互いに1本ずつの結合手を余らしている．すなわち，各炭素上に1個ずつの不対電子があるのでジラジカルである．

2 ジラジカルからポリアセチレンへ

　2個の**2**が分子間で握手し，余った両端の手が適当なAと結合したのがアセチレンのダイマーとでもいうべき**3**である．多数の**2**が連結すればアセチレンのポリマー，ポリアセチレンとなる．

　ここで注意していただきたいのは，ポリアセチレンを構成する炭素の混成軌道の状態である．**ポリアセチレンのすべての炭素は，二重結合を構成している．すなわち，すべての炭素がsp^2混成なのである．**これが，ポリアセチレンの大きな電気伝導性の原因となっている．

3 ブタジエンからポリブタジエンへ

　ブタジエンは，2個の二重結合が単結合で連結された構造であり，共役化合物である．ブタジエンの結合を移動してみよう．すなわち，2位と3位の間を二重結合とし，両端を単結合とするのである．すると，両端の炭素は結合手を余らした状態，すなわち，不対電子を持った状態となる．

　この状態はジラジカル状態であり，ポリマー化することが可能である．このようにしてできたのがポリブタジエンである．ポリブタジエンは，合成ゴムのモデル化合物であり，縁日で子どもが遊ぶスーパーボールの原料である．

アセチレンからジラジカルへ

$H-C\equiv C-H$
1

$\cdot \overset{H}{C}=\overset{H}{C}\cdot$
2

ジラジカルからポリアセチレンへ

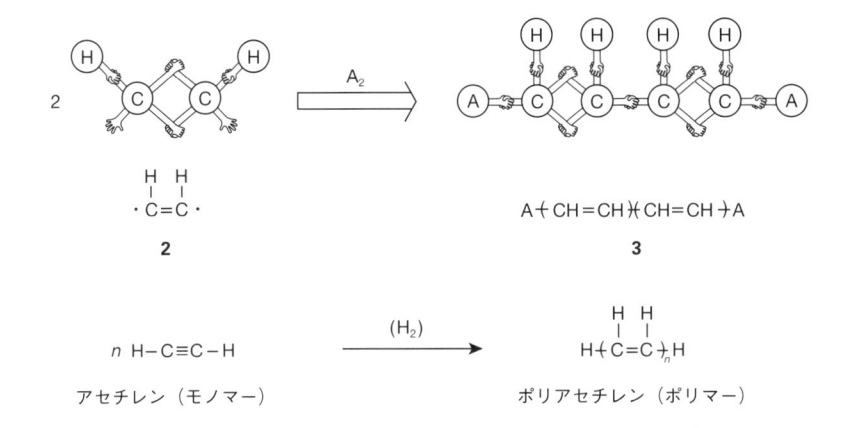

2　$\cdot \overset{H}{C}=\overset{H}{C}\cdot$　$\xrightarrow{A_2}$　$A-(CH=CH)-(CH=CH)-A$
2　　　　　　　　　　　　　　　**3**

$n\ H-C\equiv C-H$　$\xrightarrow{(H_2)}$　$H-(\overset{H}{\underset{}{C}}=\overset{H}{\underset{}{C}})_n-H$

アセチレン（モノマー）　　　ポリアセチレン（ポリマー）

ブタジエンからポリブタジエンへ

$n\ \overset{H}{\underset{H}{C}}\!\!=\!\!\overset{H}{\underset{1\ \ 2\ \ 3\ \ 4}{C}}\!\!-\!\!\overset{H}{C}\!\!=\!\!\overset{H}{\underset{H}{C}}$　$\longrightarrow$　$n\ \cdot\overset{H}{\underset{H}{C}}\!\!-\!\!\overset{H}{\underset{1\ \ 2\ \ 3\ \ 4}{C}}\!\!=\!\!\overset{H}{C}\!\!-\!\!\overset{H}{\underset{H}{C}}\cdot$

ブタジエン
1　　　　　　　　　　　　　　　　　　　　　**2**

$\xrightarrow{H_2}$　$H-(\overset{H}{\underset{H}{C}}-\overset{H}{C}=\overset{H}{C}-\overset{H}{\underset{H}{C}})_n-H$

ポリブタジエン

第4節 高分子の平面構造

　低分子が多数個結合すれば高分子になる．しかし，話はそんなに簡単でもない．子どもたちが手をつなぐとき，全員が自分の右手で相手の左手をつかむとは限らない．だれかが自分の右手で相手の右手をつかんだら，相手は後ろ向きになる．

　ここでは，低分子が結合するときの方向，枝分かれなどを見てみよう．

1 鎖状構造

　多数個の低分子 A が結合したら，高分子 A_n となる．多数個のエチレンが結合したらポリエチレンとなる．ここには問題は起こらない．

　エチレンの 1 個の炭素に置換基 X がついたエチレン誘導体 **1** が多量化したらどうなるだろうか．この場合には 2 種類のポリマーが生じる可能性がある．一つは，X を持つ炭素が左側へそろったポリマー **2** であり，もう一つは規則性のないポリマー **3** である．**2** と **3** は構造の違うポリマーであり，性質も異なっている．**一般に規則性のある 2 を作るのは困難であるが，作ることができた場合には，強度が強いなど，優れた性質を示すことが多い．**

2 枝分かれポリマーと架橋ポリマー

　低分子 A が一直線に結合したものを直鎖状ポリマーという．しかし，ポリマーは枝分かれ構造になることが多く，また，意図的にそのように合成することもある．このようなポリマーを枝分かれポリマーという．

　低分子 A をメチレン CH_2 とした場合，直鎖状の部分の A は CH_2 である．しかし，分岐した部分の A は CH となっているので，本来の A より H が 1 個少なくなっているが，それを理解した上で，構造式は図のように書くことが多い．

　多数の直鎖状ポリマーの間で，何ヵ所かにわたって枝分かれが起こると，結果として網目状のポリマーとなる．このようなポリマーは直鎖状のポリマー間に橋を渡した構造と見ることができるので架橋ポリマーという．このようなポリマーは最初からこのように合成することもあるが，最初は直鎖状ポリマーを作り，その後に架橋反応を行うことも多い．

　天然ゴムに硫黄を加える（加硫）のは天然ゴムの直鎖状ポリマーの間に硫黄で橋を渡すためである．

鎖状構造

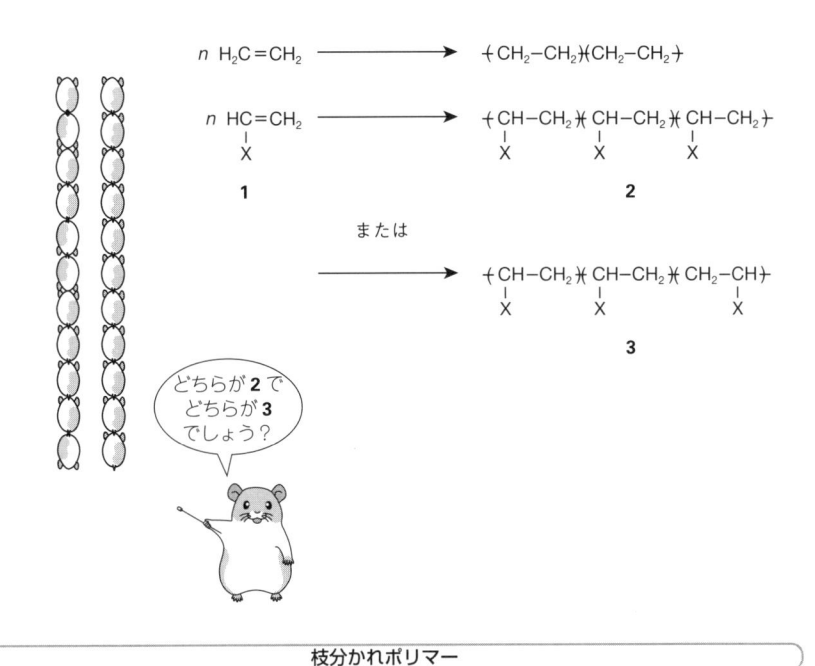

$n\ H_2C=CH_2 \longrightarrow +CH_2-CH_2)(CH_2-CH_2+$

$n\ HC=CH_2 \longrightarrow +CH-CH_2)(CH-CH_2)(CH-CH_2+$
　　|　　　　　　　　　|　　　　|　　　　|
　　X　　　　　　　　　X　　　 X　　　 X

1　　　　　　　　　　　　　　**2**

または

$\longrightarrow +CH-CH_2)(CH-CH_2)(CH_2-CH+$
　　　　　　　　　|　　　　|　　　　　　　　|
　　　　　　　　 X　　　 X　　　　　　　　X

3

どちらが **2** で どちらが **3** でしょう？

枝分かれポリマー

直鎖状ポリマー　　A–A–A–A–A–A–A–A

枝分かれポリマー　–A–A(A–A–A)A　　　$+CH_2-CH-CH_2+$
　　　　　　　　　　　　|　　　　　　　　　　　|
　　　　　　　　　　　A–A–A　　　　　　　CH_2-CH_2+

架橋ポリマー
```
–A–A–A–A–A–A–A–A
   |         |
–A–A–A–A–A–A–A–A–
           |
–A–A–A–A–A–A–A–A
   |     |
–A–A–A–A–A–A–A–A
```

第5節 多成分系高分子

高分子を構成する低分子は，すべて同じ種類とは限らない．何種類かの低分子を混ぜて高分子とする場合も多い．このような多成分系高分子を共重合体，あるいはコポリマーと呼ぶ．これに対して，ただ1種類の低分子からできるものをホモポリマーという．

1 直鎖コポリマー

分子の形が直鎖状に伸びたコポリマーを直鎖コポリマーと呼ぶ．2種類の低分子AとBからできるコポリマーの構造を考えてみよう．

最も起こりやすい多量化は，AとBが不規則に入り乱れる多量化であろう．このようにしてできたポリマーを，ランダムコポリマーという．これに対して，規則的にABABと，単位モノマーが交互に繰り返した構造を持つポリマーを，交互コポリマーという．

また，Aだけが連結した部分AAAAAAと，Bだけからなる部分BBBBBBが連結した構造のポリマーもある．このようなものをブロック（固まり）コポリマーという．

2 グラフトコポリマー

1成分の低分子Aのみからできた直鎖状高分子の適当な位置に，Bだけからなる高分子を，枝のように接合した高分子を，グラフト（コ）ポリマーという．グラフトとは，園芸の手法の接ぎ木に使う接ぎ穂のことである．

3 混合物

上で見た1，2のコポリマーは，何種類かの低分子を結合したもの，すなわち，分子内で何種類かの低分子を混ぜたポリマーである．

それに対して，でき上がったポリマーを何種類か混合したポリマーもある．このようなものはポリマーブレンド（混合物），あるいはポリマーアロイ（アロイ：合金）と呼ばれる．これは，分子構造的には普通のポリマーとなんら変わりはないものである．

直鎖コポリマー

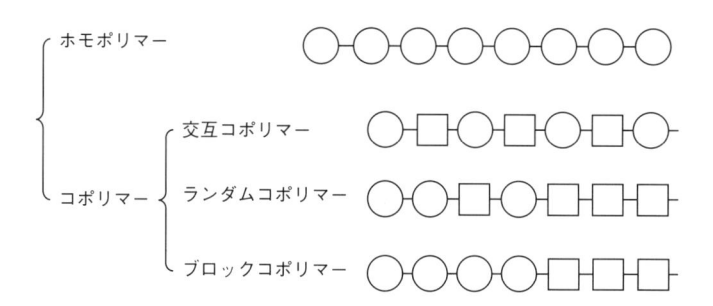

- ホモポリマー
- コポリマー
  - 交互コポリマー
  - ランダムコポリマー
  - ブロックコポリマー

A: ○　B: □

グラフト（コ）ポリマー

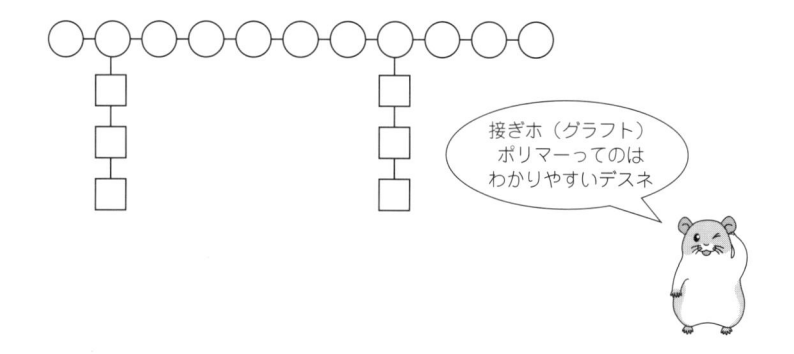

接ぎホ（グラフト）ポリマーってのはわかりやすいデスネ

混合物

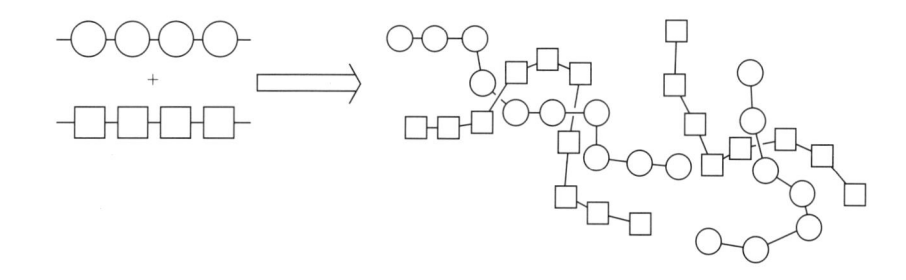

第5節◆多成分系高分子

第6節 高分子の立体構造

　ポリエチレンを構成する結合はすべて一重結合であり，σ 結合である．そのため，すべての C－C 結合は自由回転できる．その結果，ポリエチレンの長い鎖はくねくねと毛糸のように曲がり，ねじれることができる．
　一方，炭素の4本の手は角度が固定されている．そのため，光学異性体という異性体が存在した．これは高分子になっても同じである．このような異性現象をタクチシチー（立体規則性）という．

1 タクチシチー

　第3節で扱ったエチレン誘導体 **1** の置換基 X をメチル基 CH_3 としてみよう．これはプロピレンである．プロピレンが高分子化してポリプロピレンとなる場合に，プロピレン分子の配向が規則的に決定され，すべてのメチル基が左側の炭素についた構造となったとしよう．
　それでは，生成するポリプロピレンはただ1種類になるのだろうか．
　実は，そうはならない．何と3種類のポリプロピレンが生じうるのである．
　1　**イソタクチック：すべてのメチル基が同じ側を向いている．**
　　　　　（イソ：ギリシア語で同じという意味）
　2　**シンジオタクチック：メチル基の位置が上下に規則的に変化している．**
　3　**アタクチック：メチル基の位置に規則性がない．**
　これら3種は立体異性体であり，結合を回転させても同一物にすることはできない．

2 立体表示

　簡単な構造式では定性的なことしかわからないので，立体的な図を示した．すべての図で炭素鎖を平面上に固定してある．
　イソタクチック，シンジオタクチック，アタクチックの構造の違いがよくわかる．実際にこれらの構造を持つポリプロピレンが合成され，それぞれ異なる性質を持つことが確かめられている．

タクチシチー

$n \ \underset{\text{プロピレン}}{\mathrm{CH_2=CH{-}CH_3}}$
$\begin{cases}\end{cases}$

-CH(CH₃)-CH₂-CH(CH₃)-CH₂-CH(CH₃)-CH₂-CH(CH₃)-CH₂-　イソタクチック

-CH(CH₃)-CH₂-CH(CH₃)-CH₂-CH(CH₃)-CH₂-CH(CH₃)-CH₂-　シンジオタクチック
（CH₃基が交互に上下）

-CH(CH₃)-CH₂-CH(CH₃)-CH₂-CH(CH₃)-CH₂-CH(CH₃)-CH₂-　アタクチック
（CH₃基がランダム）

立体表示

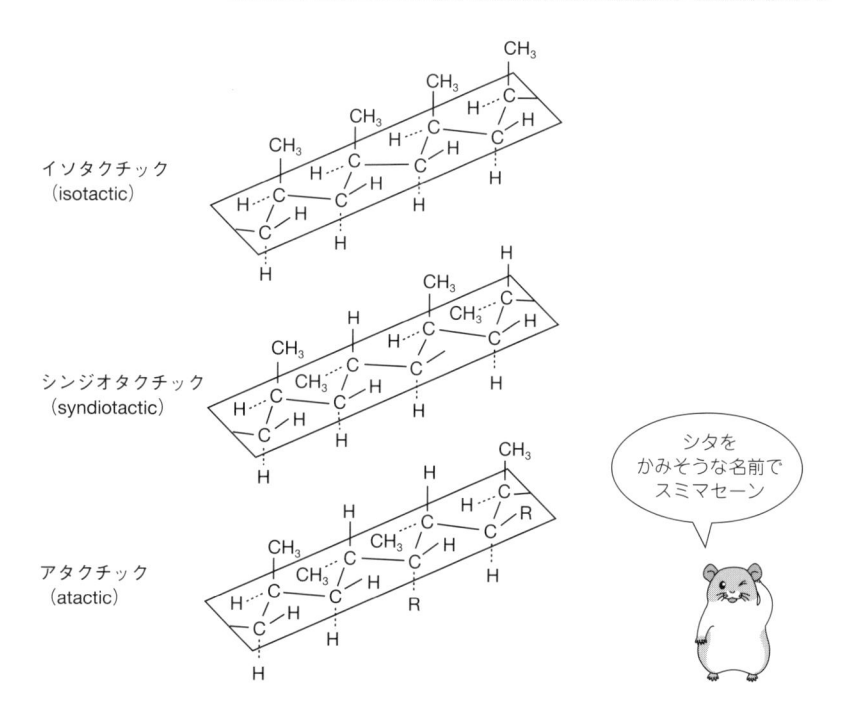

イソタクチック（isotactic）

シンジオタクチック（syndiotactic）

アタクチック（atactic）

> シタを
> かみそうな名前で
> スミマセーン

第6節◆高分子の立体構造

第7節 高次立体構造

　高分子は回転可能なC－C結合で連結した長大な分子であり，毛糸のようにくねくねと自由に曲がる．しかし，高分子はいつも1分子だけで存在するわけではない．むしろ，1分子で存在するのは特殊な場合であり，ほとんどの場合は無数の分子が集合した状態でいる．このような場合には，分子間に分子間力が働き，互いに運動や姿勢を制御しあう．その結果，高分子はいろいろの，かなり規則的な立体構造を取ることになる．このような立体構造を高次立体構造という．

1 二次構造

　1個の分子が取る立体構造を二次構造という．このような構造には多くの種類があるが，まったく規則性のないランダム構造と，ある程度規則性のある構造がある．

　規則的なものとして，折りたたみ構造とらせん構造がある．折りたたみ構造には，タンパク質の一部分に見られるβシート構造がある．らせん構造としては，同じくタンパク質の一部分に見られるαヘリックス構造がある．このほかに，デンプンなどもらせん構造であり，このらせんの中にヨウ素分子を取り込むことによって発色する現象がヨウ素デンプン反応である．

2 高次構造

　何本かの高分子鎖が集まって構成する立体構造を高次構造という．

　ラメラ構造は，二次構造で折りたたんだ高分子が何本も集まったものである．ある種のインスタントラーメンを思い出せば，イメージがわくであろう．

　スーパーらせん構造は，二次構造でらせん構造を取った高分子が何本か集まって，互いにさらにねじれて多重らせん構造をとったものである．DNAの二重らせん構造などが例になる．

　房状構造は直鎖状高分子が何本か集まって，束になった構造である．長い束は中心部では束になっているが，両端では解けてバラバラになっている．この状態がヒモ飾りの端につける房のようなのでこのように呼ばれる．この構造の中心部の束になっている部分は，結晶性になっていることがある．

二次構造

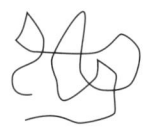

ランダム 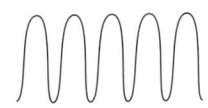　　　折りたたみ 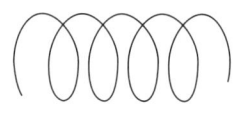　　　らせん

高次構造

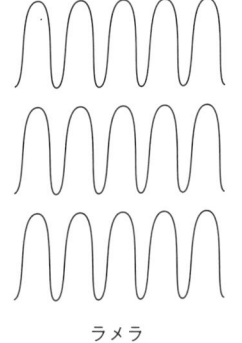

ラメラ

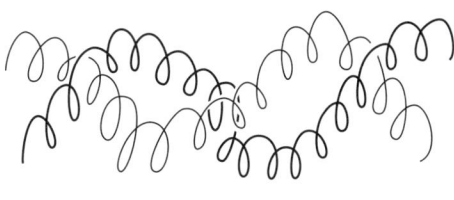

スーパーらせん

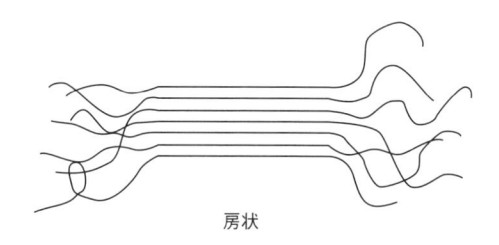

房状

カナイの編んでる毛糸のようなものジャ

イイカミサンを持ったワイ

第7節◆高次立体構造

第8節 結晶性と非晶性

　固体には結晶と非晶体（アモルファス）がある．水晶は結晶であり，ガラスはアモルファスである．アモルファスは規則性のない状態である．しかし，結晶にはない優れた性質がある．ともに SiO_2 の分子式を持つ水晶とガラスの性質に大きな違いがあるように，高分子も結晶となるか非晶体となるかによって，性質に大きな違いが出る．

1 結晶

　分子が一定の位置に，一定の方向を向いて積み重なった状態を結晶という．食塩の結晶を構成する Na^+ と Cl^- は原子イオンなので形は球であり，分子に方向性はない．そのため，食塩の結晶では両イオンが一つ置きに整然と3次元的に積み重なっている．

　しかし，ナフタレンなどの有機分子の結晶では，分子に形がある．このため，結晶を作る分子には位置だけでなく，方向にも規則性を持つことが要求される．そのような分子の結晶として，安息香酸の結晶の単結晶X線解析によって得たステレオ図を図に示した．

2 非晶質

　高分子の固体にも結晶と非晶体がある．しかし，高分子は分子鎖が長く，互いに絡み合ったりして，高度な規則性を保つのは難しい．その結果，結晶性の部分と非晶性の部分が混ざることになる．図にそのようすを模式的に示した．

　何本かの高分子鎖が規則的に集まって，束状になった部分が結晶性の部分である．それに対して，束が解けてランダムな状態になった部分が非晶性部分である．

　このような高分子の集合状態が，高分子の物性にどのような影響を与えるかを示唆するものを図に示した．ゴムとプラスチックと繊維である．ゴムは結晶性部分が少なく，反対に繊維は結晶性部分が多い．結晶性部分は分子の方向がそろっており，その方向の引っ張り強度が強くなっている．このような性質が繊維に要求されるわけである．

結晶

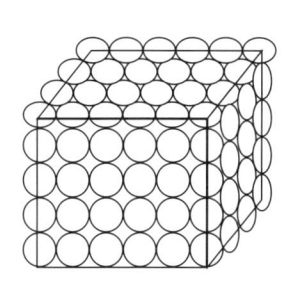

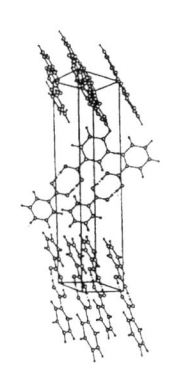

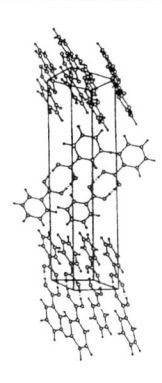

[笹田義夫，大橋裕二，斉藤喜彦，結晶の分子科学入門，p.96，図 3.15，講談社（1989）]

非晶質

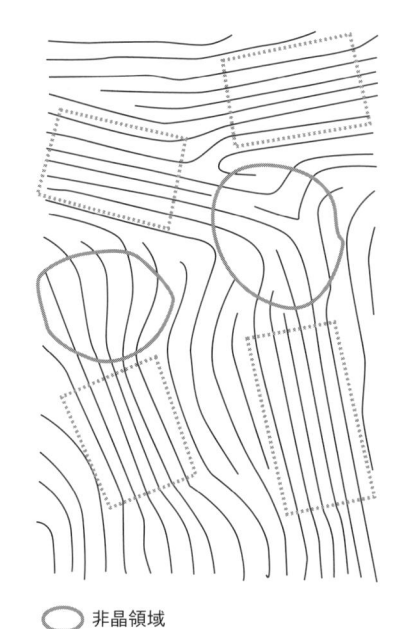

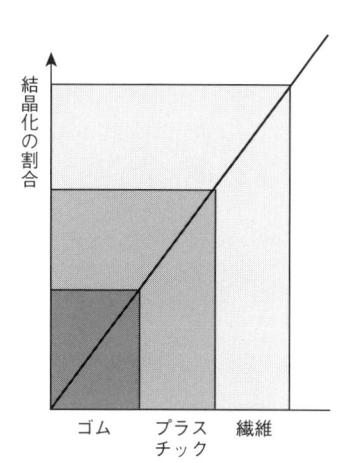

○ 非晶領域
▭ 結晶領域

[横田健二，高分子を学ぼう，p.62，図 8.2，化学同人（1999）]

結晶化の割合

ゴム　プラスチック　繊維

column スタウディンガー

　高分子化学の本として，ドイツの科学者，スタウディンガーについて触れないわけにはいかないであろう．スタウディンガーは，高分子化学にそれほど大きな貢献をした化学者である．

　1900年代初頭，セルロース，ゴムなど，天然高分子化合物は大量に利用されていたし，ベークライトなど，いくつかの合成高分子はすでに開発されていた．しかし，高分子の構造は明らかになっていなかった．当時主流の考えは，高分子は多くの分子が集まったものである，という考えであった．

　氷は水分子が集まったものであり，水分子が結合したものではない．シャボン玉は洗剤分子が集まったものであり，洗剤分子が結合したものではない．高分子も，そのように，小さい単位分子が集まったものであると考えられていた．

　それに対して，高分子は単位分子が共有結合で結合した，"ひとつの巨大分子"であるという考えを提唱したのがスタウディンガーであり，1926年のことである．学会では大論争が起こり，スタウディンガーは批判の嵐を浴びた．しかし，彼の精力的な研究はついに，学会を納得させ，4年後には彼の説が認められるに至った．その後，1953年にノーベル賞を受賞した．

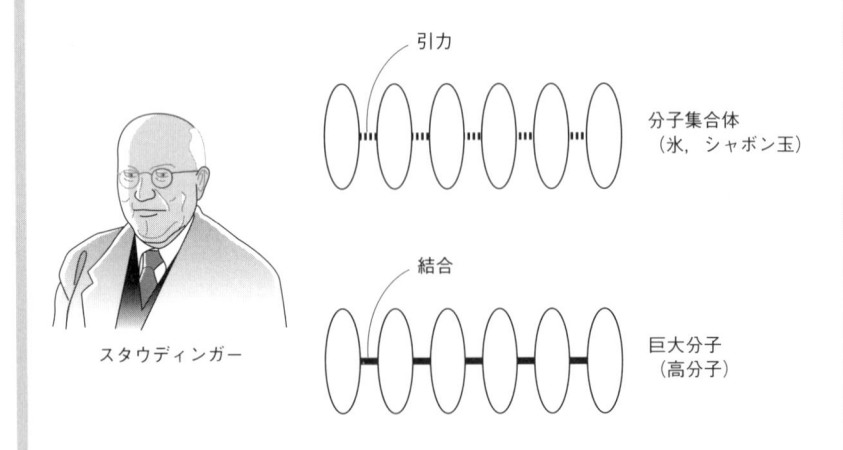

引力 — 分子集合体（氷，シャボン玉）

スタウディンガー

結合 — 巨大分子（高分子）

第II部 高分子の物性

4章 高分子の力学的性質

　高分子にはいろいろな性質がある．ゴムのように伸び縮みするものもあれば，アクリル樹脂（有機ガラス）のように硬く，透明なものもある．ここでは高分子の性質のうち，力学的なものを見ていくことにしよう．

第1節 重合と物性

　高分子は低分子が多量化したものであるが，何個の低分子が結合したかによって，高分子の性質が異なってくる．

1 重合度と高分子

　エチレンが多量化した分子を考えてみよう．何個の低分子が重合したかを表す数値を重合度という．

　重合度 1 はエチレンであり，沸点は −104℃の気体である．3，4 個重合すると液体のリグロインとなる．10 個程度重合するとグリース状のワセリンとなり，15 個ほどになると固体になり，ロウソクなどに用いるパラフィンとなる．ポリエチレンは千から 1 万個と，はるかに多くのエチレンが重合したものである．性質はガラスのように強じんな固体である．このように，ポリエチレンといえど，アルカンの一種なのであり，その性質は重合度に依存しているのである．

2 分子量と物性

　図 A は，高分子の融点が分子量とともにどのように変化するかを表したものである．**分子量が小さい場合は融点は低く，融けると液体になる．しかし，分子量が大きくなると融点が不明瞭になり，融けても液体にならず，柔軟で流動性のあるゴム状になるだけである．**

　図 B は，分子量がどれくらいの大きさになると高分子としての性質が現れるかを示したものである．ある程度の分子量 M_0 で高分子の性質が現れ，その後，分子量の増加とともにその性質は顕著になっていく．しかし，**分子量がある程度大きくなると (M_s) 性質は飽和してしまい，その後は顕著な変化が見られなくなる．**

高分子の力学的性質

(モーひとイキ！／二人ともガンバレー！／ウーンまだ切れない)

重合度と高分子

名前	重合度	分子量	性質	用途
エチレン	1	28	気体 bp −104℃	プラスチック原料
リグロイン	3〜4	86〜114	蒸発しやすい液体 bp 90〜120℃	ドライクリーニング
ワセリン	〜10	254〜310	半固体，グリース状 bp 300℃以上	化粧品
固形パラフィン	10〜15	282〜422	もろい固体 mp 45〜60℃	ロウソク
ポリエチレン	1,000〜10,000	28,000〜280,000	強じんな固体 mp 137℃	ラップ

分子量と物性

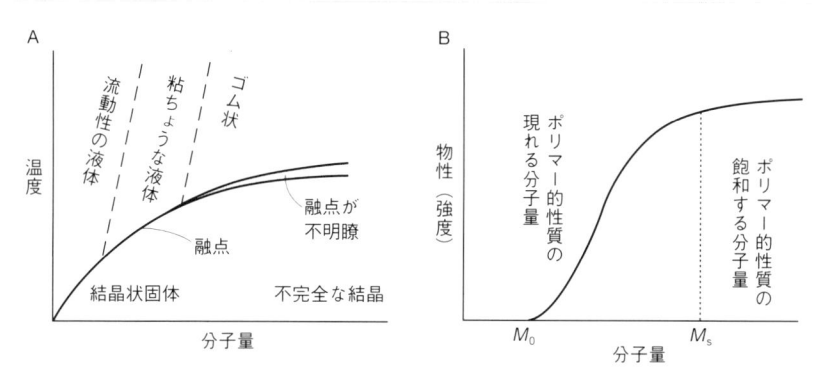

A: 温度／分子量
(流動性の液体／粘ちょうな液体／ゴム状／融点／結晶状固体／融点が不明瞭／不完全な結晶)

B: 物性（強度）／分子量
(ポリマー的性質の現れる分子量 M_0／ポリマー的性質の飽和する分子量 M_s)

第2節 弾性変形

　高分子は各種の材料として使われることが多い．その場合，どの程度の力を加えるとどの程度変形するのか，さらにはどの程度の力にまで破壊せずに耐えられるのか，ということが大きな問題となる．このような力学的な性質を表すのに弾性変形がある．

1 弾性率

　図 A のように単位幅と厚さと長さを持った高分子フィルムを固定し，下端を応力によって伸ばしてみよう．**フィルムは伸びる．これを弾性変形という．力を加え続ければフィルムは伸び続け，ついに切れる．これを破壊という．**

　図 B は応力と伸び率の関係を表したものである．応力（Strain）と伸び（歪み，Stress）から S－S 曲線といわれる．

　最初のうちは応力と伸び率の間に比例関係がある．このとき，両者の間の傾きを弾性率という．弾性率が大きいほど変形しにくいことを表す．図 C にいくつかの物質の弾性率の相対値を示した．

　応力がある大きさに達すると，フィルムは急に抵抗を止めたように，ずるずると伸び始める．この点を降伏点という．やがて，フィルムは切断することになるがこの点を破断点という．

2 S－S 曲線

　S－S 曲線を見ると，その材料の力学的性質を推定することができる．図 A は弾性率が高いため，変形に力を要することがわかる．降伏点の近くに破断点があることは，力に耐えられなくなると，すぐに切れてしまう．すなわち，硬くてもろいことがわかる．それに対して，B はたいした力を加えなくとも大きく変形している．これはゴムのような柔軟な性質を表す．

　図 C にいくつかの物質の S－S 曲線を示した．ゴムは図 B の典型例であり，ケブラーは図 A の典型である．ケブラーは鋼鉄より硬く，防弾チョッキなどにも用いられる高分子である．

　ガラス繊維，ポリエステル，ナイロンは弾性率は異なるが，破壊に要する応力には大きな違いのないことがわかる．

弾性率

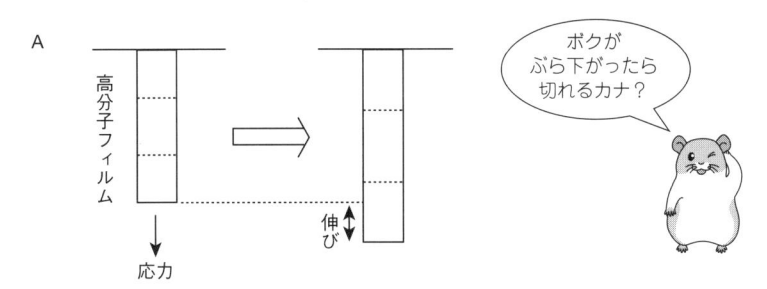

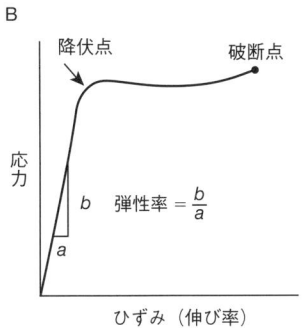

A

高分子フィルム → 応力 → 伸び

「ボクがぶら下がったら切れるカナ?」

B

応力 — 降伏点 — 破断点

弾性率 = $\dfrac{b}{a}$

ひずみ(伸び率)

C

材料	弾性率の比
ダイヤモンド,鋼鉄	約100倍
ガラス,コンクリート	約10倍
プラスチック,木材	1
ポリエチレン	約1/10倍
天然ゴム	約1/100倍

S-S曲線

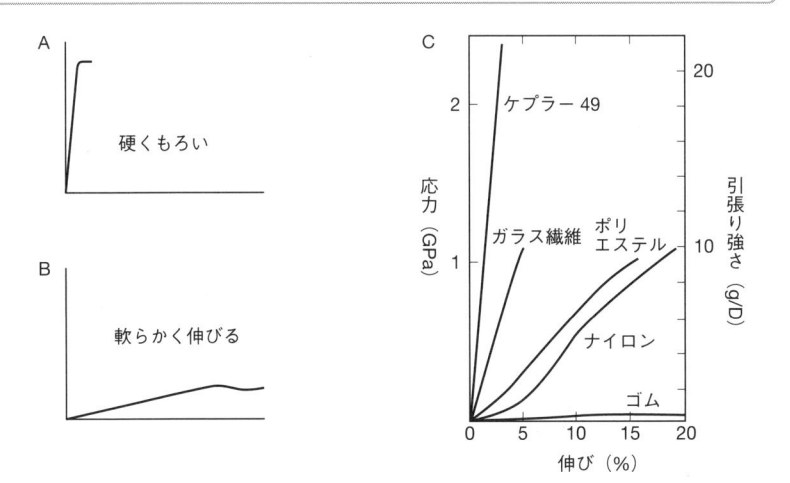

A 硬くもろい

B 軟らかく伸びる

C 高分子固体の応力-ひずみ曲線の例

ケブラー49、ガラス繊維、ポリエステル、ナイロン、ゴム

応力(GPa) / 引張り強さ(g/D) / 伸び(%)

[荒井健一郎ほか,わかりやすい高分子化学,三共出版(1994)]

第3節 粘弾性

　鉄やガラスは弾性体である．応力を加えると変形するが，応力を取り除けば元に戻る．水や油は粘性体であり，容器の形に合わせて変形し，元に戻ることはない．高分子はこの両者の性質を合わせたようなものである．このような性質を粘弾性という．

1 高分子の変形

　図は高分子フィルムに応力を加えたものである．応力を加えている間，高分子は変形を続ける．それでは応力を取り除いたらどうなるか．直ちには元に戻らない．時間をかけて徐々に元に戻る．高分子によっては完全には元に戻らないものもある．

2 弾性と粘性

　図Aはバネである．応力をかけるとバネは瞬時に伸びる．応力がかかっている間，バネは伸びた状態を保ち，応力を除くと直ちに元に戻る．このような変化を弾性変化という．

　図Bはダッシュポットといわれるものである．円筒に油を入れ，穴の開いた板でしきる．この板に取っ手をつけて外部から上げ下げする．板を上げようとして取っ手を引っ張っても，穴を通る油が抵抗となって，板はすぐには上がらない．ゆっくり時間をかけて上がってくる．引っ張ることを止めたらどうなるか．また油が抵抗になって，板は下がらない．

　高分子の粘弾性はこのバネの性質とダッシュポットの性質を合わせたようなものである．図Cは両者を並列につないだものである．応力を加えると伸びるが，ダッシュポットの抵抗のため，時間をかけて徐々に伸びる．応力を取り去るとバネの復元力のために，元に縮まろうとするが，これもダッシュポットの抵抗にあって時間をかけてゆっくり進行する．その結果，変形を表す曲線は高分子のものをかなり再現できるようになる．

　図Dは両者を直列につないだものである．

　このような，**時間をかけて変形し，時間をかけて復元する性質**が高分子の材料としての大きな特徴である．

変形

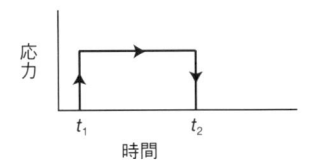

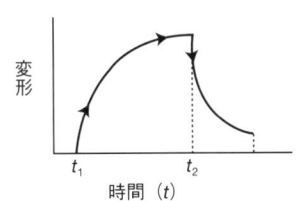

弾性と粘性

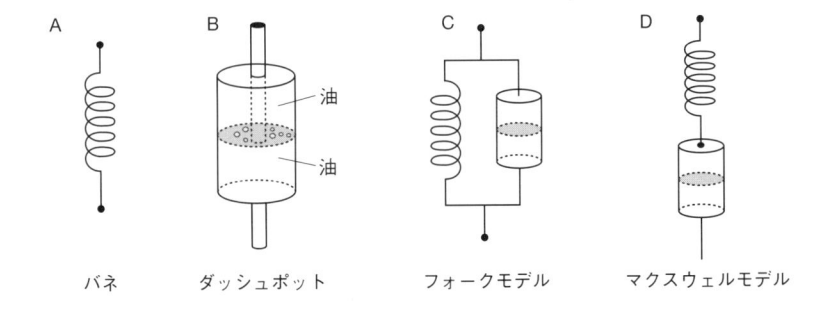

A バネ
B ダッシュポット
C フォークモデル
D マクスウェルモデル

要するに高分子はバネと液体の性質をあわせ持つというコトジャ

第3節◆粘弾性

第4節 ゴム弾性

パチンコ玉をコンクリートの床に落とすと弾む．ゴムボールを床に落としても弾む．しかし，両者の弾みかたはまるで違う．このようなゴムの弾性をゴム弾性という．それに対してパチンコ玉の弾性をエネルギー弾性という．

1 エネルギー弾性

分子 1 は 3 個の二重結合がつながった分子である．この分子の両端に力をかけて引っ張ったとしよう．分子は伸びるか？ 残念ながらほとんど変形しない．結合距離を伸ばすにはもちろん，結合角度を変えるにも大きなエネルギーが必要である．このような分子の変形を元にする弾性をエネルギー弾性という．エネルギー弾性は非常に小さい．パチンコ玉があまり弾まないのはこのためである．

2 エントロピー弾性

分子 1 は網目状の分子である．この分子を左右に引っ張ったらどうなるか．分子全体がひも状に変形して伸びることになる．すなわち，このような分子は引っ張れば伸び，力を除けば元に戻るのである．分子 3 は毛糸玉のように丸まった分子である．両端を引っ張ればするすると伸びる．

このような，分子の形状変化に基づく弾性をエントロピー弾性という．ゴムは架橋した網目状分子であり，そのためエントロピー弾性が現れるので，あのように伸び縮みし，大きく弾むのである．ゴム弾性はエントロピー弾性である．

column エントロピー

エントロピーとは乱雑さの尺度である．乱雑であるほどエントロピーは大きい．子どもたちが校庭で遊んでいるときはエントロピーが大きく，教室で窮屈なイスに腰掛けているときはエントロピーが小さい．世の中の変化はエントロピーが増大するように変化する．

ゴムの分子は 1 のように網目状になっているときが自由な状態であり，エントロピーの大きい状態である．これが引っ張られて 2 のように束になった状態は窮屈な状態である．引っ張られればしかたなくエントロピーの小さい状態になるが，力が除かれたら元の，エントロピーの大きい状態に戻ることになる．

エネルギー弾性

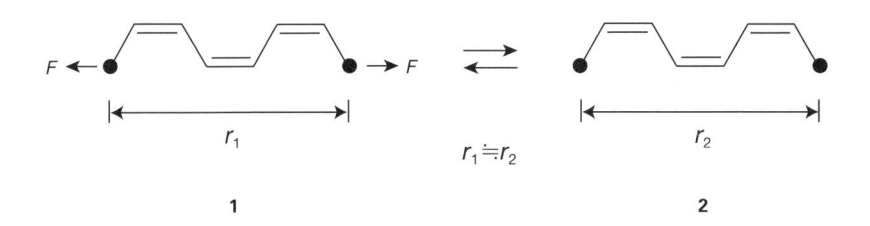

1 r_1 ⇄ **2** r_2 ($r_1 ≒ r_2$)

エントロピー弾性

1 r_1 ⇄ **2** r_2

3 r_1 (S 大) ⇄ **4** r_2 (S 小) ($r_1 \ll r_2$)

エントロピー大　　　エントロピー小

第4節◆ゴム弾性

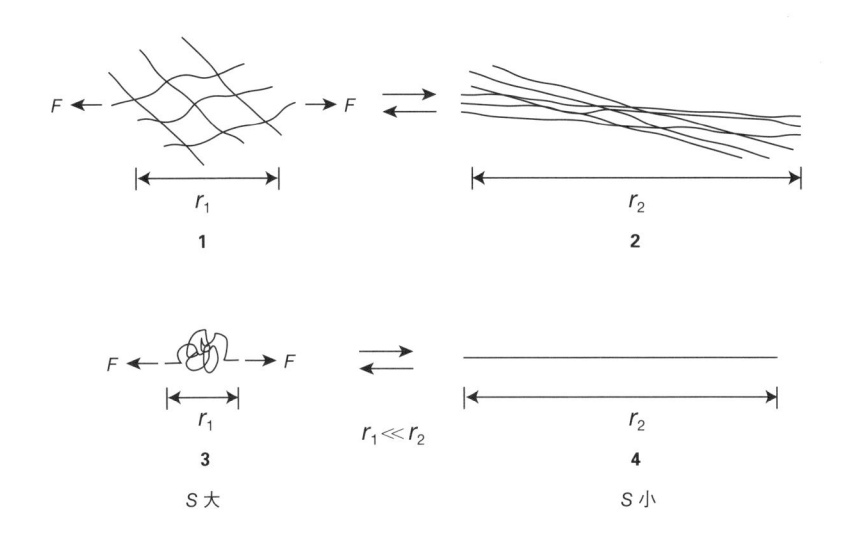

第5節 熱物性

氷を加熱すれば融点で融けて液体の水になり,さらに加熱すれば沸点で蒸発して水蒸気になる.このような氷,水,水蒸気をそれぞれ,固相,液相,気相の水といい,これら三つの状態を合わせて物質の三態という.高分子も温度とともに状態を変化する.

1 T_g と T_m

透明な定規や透明なボールペンの軸はアクリル樹脂でできていることが多い.アクリル樹脂は非晶性高分子であり,その構造の中に結晶性の部分を持たない.

図 A は,非晶性高分子を加熱したときの体積変化と物性変化を表したものである.**低温で固体状だった高分子が,ある温度で軟らかいゴム状になる.この温度をガラス転移点 T_g という.**体積は温度とともに増加するが,その増加割合は T_g を越えると大きくなる.

T_g に達して,高分子に起こったことは非晶質が流動化したことである.さらに熱すると融けて液状になる.

図 B は,同じことをポリエチレンのような結晶性高分子に対して行ったものである.**T_g に達すると非晶質部分が流動化して,高分子は弾力のある状態になる.さらに熱するとある温度でゴム状になる.これは結晶性の部分が融解したのであり,この温度を(高分子の)融点 T_m という.**さらに熱すると融けて液状になる.T_m を境にして高分子の体積は不連続に大きくなる.これはきちんと束ねられていた結晶性部分のたがが外れて,分子の流動性が現れたことに対応する.

2 熱物性の違い

いくつかのタイプの高分子が,どのような T_g, T_m を持つかを図に示した.ゴムタイプとガラスタイプは結晶質を持たないので T_m が現れない.ゴムタイプは T_g が室温以下なので,室温でゴム状になっているわけである.

繊維タイプとプラスチックタイプは結晶性であり,T_m を持つ.そのうち,プラスチックは T_g が室温以下なので室温で弾力性固体であるが,繊維の T_g は高いので,室温でも結晶性を保っているのである.

T_g と T_m

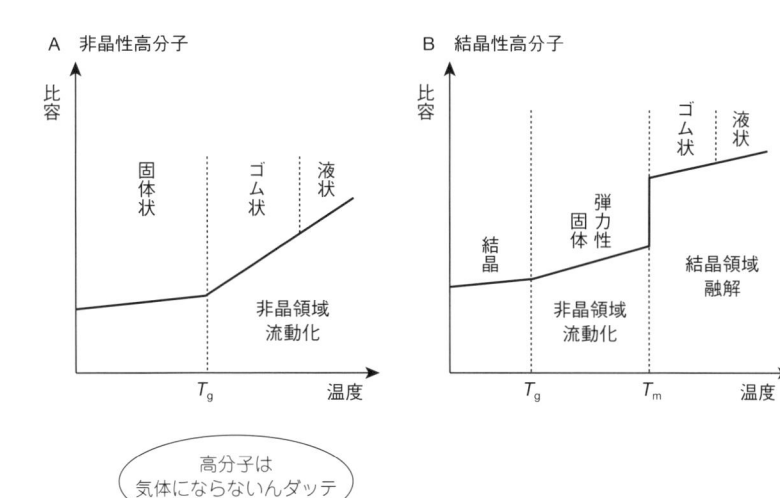

A 非晶性高分子

縦軸: 比容　横軸: 温度

領域: 固体状 | ゴム状 | 液状
非晶領域 流動化
境界: T_g

B 結晶性高分子

縦軸: 比容　横軸: 温度

領域: 結晶 | 弾力性固体 | ゴム状 | 液状
非晶領域 流動化 / 結晶領域 融解
境界: T_g, T_m

> 高分子は気体にならないんダッテ

熱物性の違い

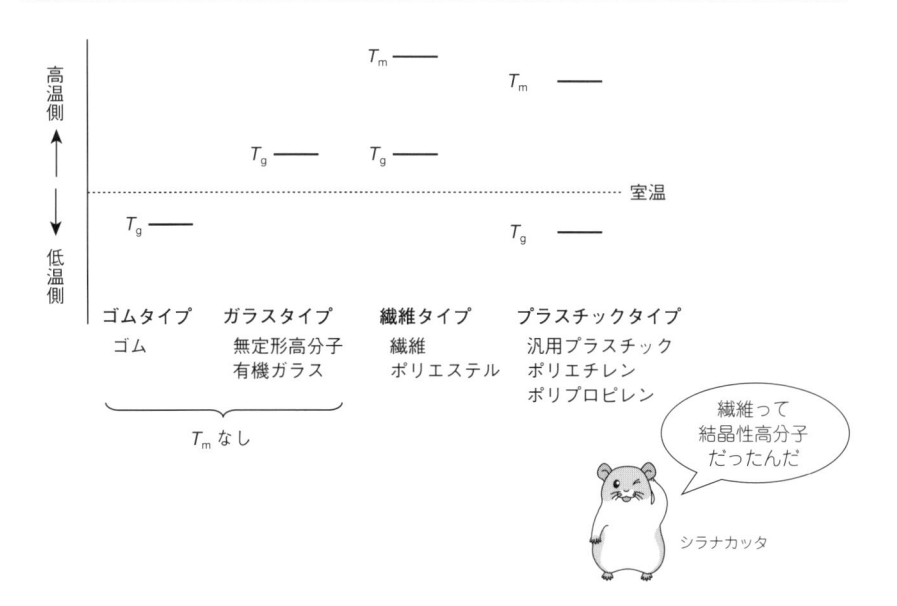

縦軸: 高温側 ↕ 低温側、室温の破線あり

- **ゴムタイプ**: ゴム — T_g(低温側)　T_mなし
- **ガラスタイプ**: 無定形高分子、有機ガラス — T_g(室温より上)　T_mなし
- **繊維タイプ**: 繊維、ポリエステル — T_g、T_m(高温側)
- **プラスチックタイプ**: 汎用プラスチック、ポリエチレン、ポリプロピレン — T_g(低温側)、T_m

> 繊維って結晶性高分子だったんだ
>
> シラナカッタ

第6節 高分子溶液

多くの有機物は有機溶媒に溶ける．高分子も有機物であり，有機溶媒に溶ける．高分子の溶液を高分子溶液という．

1 膨潤

図は，高分子の溶けるようすを模式的に表したものである．線の集まりが高分子であり，中央の線が密集した部分は結晶部分，その端の房状の部分は非晶質部分を表す．黒丸は溶媒である．

溶媒はまず，高分子の集合の込んでいないところ，つまり房状部分に浸透していく．溶媒が高分子の間隙に入り込むことによって，房状の非晶質部分の柔軟性はさらに増してゆく．この状態を膨潤という．要するに，ふやけた状態である．

2 溶解

やがて溶媒は高分子の結晶質部分に達し，高分子を 1 本ずつバラバラの状態にする．この状態では，ばらばらになった高分子の分子鎖 1 本 1 本が溶媒に取り囲まれている．これは，水素結合やファンデルワールス力などの分子間力によって，高分子鎖と溶媒分子の間に引力が働いている状態である．このような状態を溶媒和という．この状態が高分子溶液である．

3 濃度

溶液中の高分子は，自由に動き回り，伸び縮みや回転運動を行う．このような自由運動によって占める空間を含めて，高分子の分子 1 個の体積と考えてみよう．図では円で示してある．

高分子溶液の濃度はこのような体積を基にして考えることができる．高分子が，溶液中で互いに接することのない濃度を，希薄溶液という．それより濃度が上がるにつれて，準希薄溶液，濃厚溶液と呼ぶ．

希薄溶液中では高分子は何者にもじゃまされず，あたかも気体状態のようにふるまう．それに対して濃厚溶液中では互いに絡まりあい，自由運動を阻害しあっていることになる．

溶解

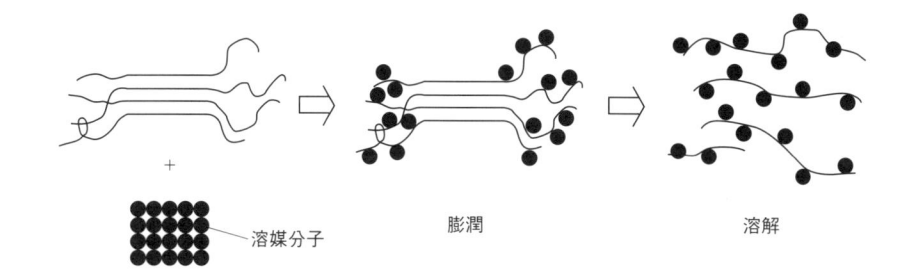

溶媒分子　　　　膨潤　　　　溶解

[大澤善次郎，入門高分子科学，p.10，図1−8，裳華房（1996）]

濃度

希薄溶液　　　　準希薄溶液

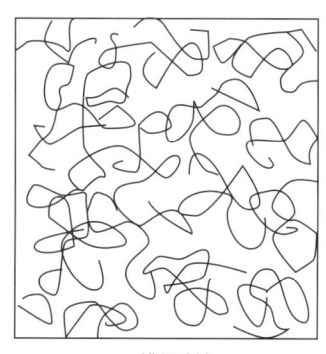

濃厚溶液

第6節◆高分子溶液

第7節 溶解度パラメーター

高分子にはよく溶ける溶媒と，よく溶けない溶媒がある．このような関係を表す指標が溶解度パラメーターである．

1 溶媒

水は食塩に対しては優れた溶媒であるが，ナフタレンに対しては溶媒として作用しない．一般に物質が溶けるときには次のことわざが通用することが多い．「似たものは似たものを溶かす」

高分子に対しても，よく溶かす溶媒と，あまりよく溶かさない溶媒がある．**よく溶かす溶媒を"良溶媒"，あまり溶かさない溶媒を"貧溶媒"と呼ぶ**．良溶媒の中では，高分子はのびのびと溶け，自由に運動しているが，貧溶媒中ではちぢこまっている．

2 エネルギーとエントロピー

溶質が溶媒に溶解する原動力は，エネルギーとエントロピーの両面がある．**エネルギー面では溶媒と高分子の間の溶媒和がたいせつであり，強固な（安定な）溶媒和を作れる溶媒が有利になる．エントロピー面では，溶けることによって，高分子がどれだけの自由度（乱雑さ）を獲得できたかが問題になる．自由になって，エントロピーの増大をはかれる溶媒が有利になる．**

3 溶解度パラメーター

高分子の溶解に関しては，「似たものは似たものを溶かす」のたとえが適用されないことがある．アルコールのポリマーであるポリビニルアルコールはメタノールやエタノールには溶けない．また炭化水素のポリエチレンも，同じ炭化水素のヘキサンに溶けない．

高分子の溶解性を示す尺度として，溶解度パラメーター δ が知られている．いくつかの高分子と溶媒の溶解度パラメーターを図に示した．一般に**高分子は，自分と溶解度パラメーターの近い溶媒によく溶けることが明らかになっている．**

溶媒

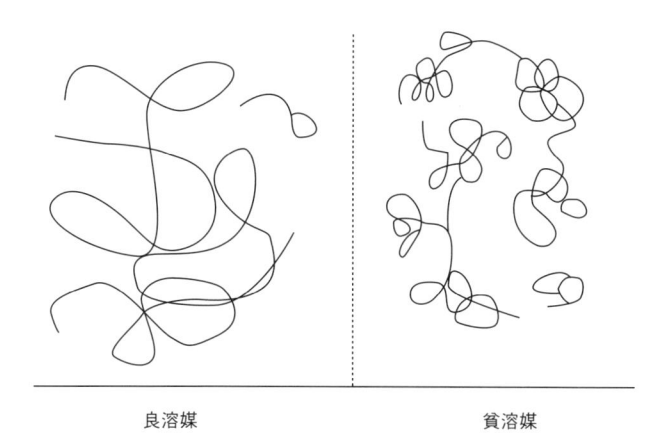

良溶媒　　　　　　　　貧溶媒

溶解度パラメーター

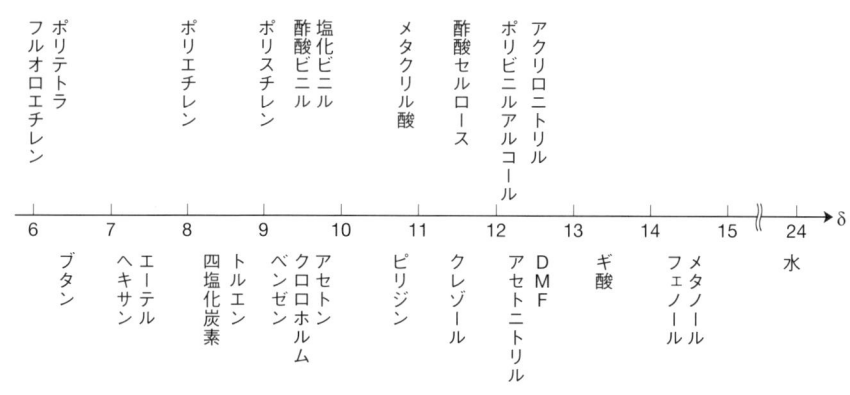

δ	6	7	8	9	10	11	12	13	14	15	24

上側：
- ポリテトラフルオロエチレン (6)
- ポリエチレン (8)
- 塩化ビニル、酢酸ビニル (9)
- ポリスチレン (9)
- メタクリル酸 (11)
- 酢酸セルロース (12)
- アクリロニトリル、ポリビニルアルコール (12)

下側：
- ブタン (6)
- エーテル、ヘキサン (7)
- トルエン、四塩化炭素 (8)
- アセトン、クロロホルム、ベンゼン (9)
- ピリジン (11)
- クレゾール (12)
- DMF、アセトニトリル (12)
- ギ酸 (13)
- メタノール、フェノール (14)
- 水 (24)

> ボクはいつも
> のびのびと皆さんの中に
> 溶け込んでいます

オカゲサマデ

5章 高分子の熱，化学的性質

高分子は，いろいろの面で低分子とは異なった性質を持ち，それが高分子の有用性につながっている．ここではこれらの性質のうち，熱的性質と化学的性質について見ていこう．

第1節 耐熱性——物理的耐熱性——

高分子材料のいちばんの特徴は，加熱融解させることができることである．この性質を利用して，ポリマーを型に流し込むことによって自由な形に成形することが可能となる．しかし，この長所はプラスチックが熱に弱いという，材料としての致命的な短所でもある．高分子材料の改良の歴史は，この耐熱性を上げるといった点に集約されているといっても過言ではない．

1 物理的耐熱性と化学的耐熱性

高分子材料の耐熱性は2通りに分けて考えることができる．**結合開裂などの分子自身の変化は伴わないが，力学特性や高次構造が大きく影響を受ける物理的耐熱性**と，**結合切断など分子構造自身が影響を受ける化学的耐熱性**である．それらは基本的には無関係ではあるが，高分子材料としての特性には大きな影響を与える性質である．

2 物理的耐熱性

高分子には2種類の相転移温度が存在する（図）．ひとつは高分子鎖のセグメント部分がミクロブラウン運動を開始する温度（ガラス転移温度 T_g）であり，その温度以下において高分子は無定形のガラス状態で固まっている．もうひとつは分子全体の運動（マクロブラウン運動）が始まる温度 T_m である．これらの相転移によって，高分子の力学的性質は大きく変化する．

しかし，結晶性ポリマーと非晶性ポリマーとでは，そのしくみがずいぶん違っている．**非晶性ポリマーではガラス転移温度（T_g）が大きく影響し，使用温度範囲は T_g 以下に限られてくる．ところが結晶性ポリマーではゴム状態（$T > T_g$）においても，分子鎖の結晶域がその物理強度を保持するために，T_g 以上でも十分材料として機能を発揮する**．

耐熱性

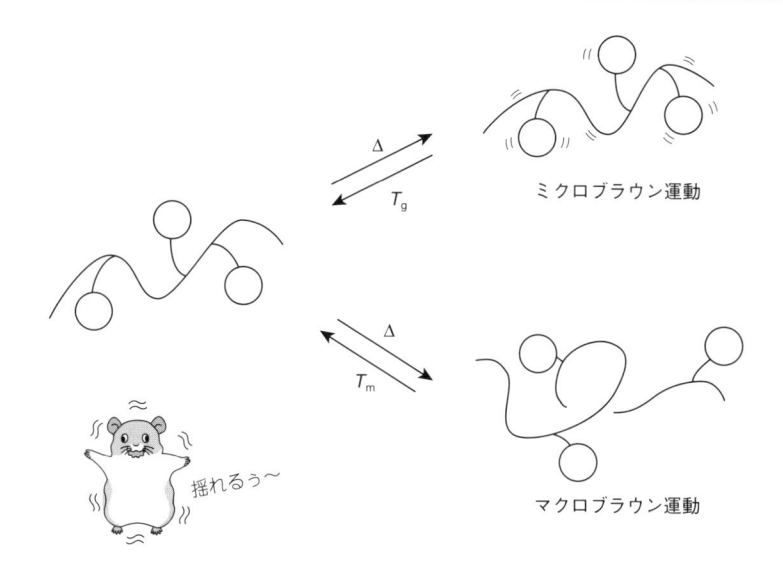

Δ / T_g → ミクロブラウン運動

Δ / T_m → マクロブラウン運動

揺れるぅ～

物理的耐熱性

高分子形状	性質	T_g
‒(⟨ph⟩‒C(=O)‒NH)‒$_n$	分子鎖の屈曲性が低い	高い
‒(Si‒O)‒$_n$	分子鎖の屈曲性が高い	低い
‒(CH₂‒CH(Ph))‒	側鎖置換基が大きい PE：$T_g = -125°C$ PS：$T_g = 100°C$	高い

第2節 耐熱性——化学的耐熱性——

高分子材料は，T_g や T_m 以下の温度でも，長時間加熱されると化学的に変質することがある．ここでは，そのような化学的耐熱性について見てみよう．

1 化学的耐熱性

物理的耐熱性は，分子鎖の運動性に起因し，可逆的である．それに対して化学的耐熱性は，分子鎖の開裂や架橋反応など非可逆的な化学反応に起因するものである．このような化学変化は高温下に長時間放置されることによって生じ，高分子の力学的特性に大きなダメージを与えるものである．特に自動車のエンジンルーム内で使用されているような高分子材料は，高温下に暴露される時間が長いために，化学的耐熱性の高さが要求される．

化学的耐熱性は分子鎖の結合解離エネルギーに大きく依存する．すなわち，主鎖に芳香族環を有する高分子や，ケイ素などの無機元素を含む高分子は化学的耐熱性が高いことが知られている（表）．物理的耐熱性と化学的耐熱性には本質的な関連はないが，特殊な構造を高分子主鎖内に組み込むことによって，両耐熱性に優れた高分子材料が得られることが知られている．

2 高分子材料の耐熱化

高分子材料の耐熱性を上げるためには，分子骨格を剛直にすること，結晶化によって分子間力を強化すること，強化繊維などと複合化をすることなどが有効である．

分子骨格を剛直化するためには，分子主鎖に芳香族環やかさ高い置換基を挿入したり，ポリイミドに見られるようにはしご状構造を導入するとよいことが知られている．また，高分子は結晶化すると分子間力が増大し，分子の運動が抑制されるために，耐熱性が向上する．液晶性高分子は，分子鎖が剛直であり，対称性が高いために，高い耐熱性を示す．また，立体規則性の高い高分子も高い結晶性を有している．ポリスチレンを特殊な条件で重合させた立体規則性ポリスチレンは，高い結晶性を有し，その融点は 270 ℃にもなり，エンジニアリングプラスチックとして扱われている．ガラス繊維やカーボンファイバーの複合化も耐熱性の向上には有利であり，特にナイロンなどの結晶性ポリマーにおいて有効である．

化学的耐熱性

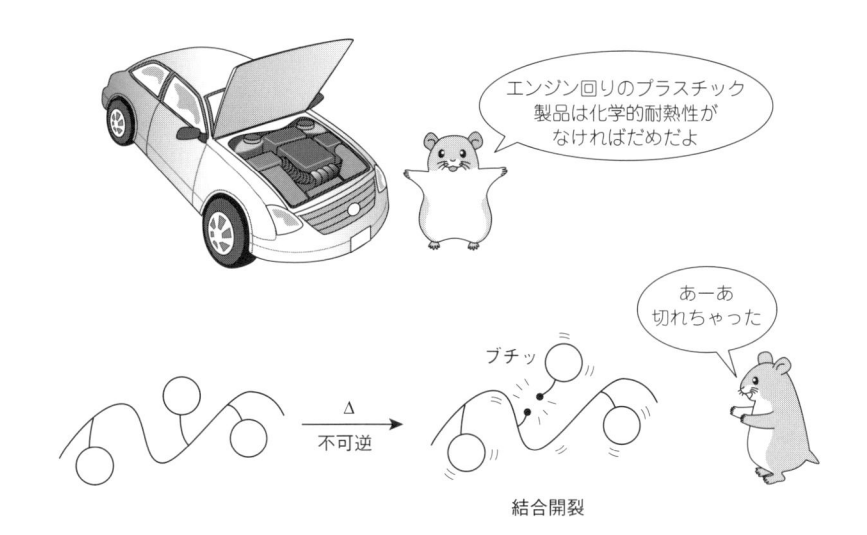

エンジン回りのプラスチック製品は化学的耐熱性がなければだめだよ

Δ
不可逆

ブチッ

結合開裂

あーあ切れちゃった

耐熱性と分子構造

X	T_g	T_m	T_d	(℃)
C	195	378	448	
Si	176	296	481	

耐熱性樹脂は

ケブラー
防弾チョッキになる

$T_g = 400\ ℃$

$T_m = 560\ ℃$

ポリイミド
ハンダ付けもできる

$T_g = 410\ ℃$

第3節 難燃性

有機物である高分子を燃えにくくするためには，特殊なくふうが必要である．

1 燃焼のメカニズム

プラスチックは有機化合物であるため，一般に燃えやすい．そのため，材料として用いるときには，難燃性が非常に重要な因子となる．物質が燃えるということはどういうことであろうか？ 図に示すように火元からの熱によってポリマー分子鎖の化学結合が切れ，低分子揮発性成分となり，それが大気中に拡散・分解し，さらには酸素と結合，酸化されることによって，燃焼・発熱する．これが燃えるということである．

特に火災では，着火に始まり，燃え上がるフラッシュオーバーを経て，延焼が拡大し，ピークを迎え，そして終息していく．

2 難燃化の分子設計

燃焼とは，化学結合の切断を伴った酸化反応である．したがって難燃化には化学結合が切れないように，結合エネルギーの大きな高分子を用いることが重要である．すなわち，芳香族環を主鎖に有した剛直な構造が重要で，スーパーエンプラの分類に入るポリイミドなどは難燃性の高い樹脂として知られている．

高分子の燃えにくさの指標は，燃焼に必要な酸素濃度（％）を示したOI％がある．ポリテトラフルオロエチレン（PTFE）やポリ塩化ビニル（PVC）は難燃性高分子の代表であり，PTFEなどはOI％が90％を超えるような過激な条件でも燃えることはない．逆に，主鎖中に酸素原子を含むポリオキシメチレン（POM）などは，OI％が16％と非常に燃えやすいポリマーである．

3 難燃化剤

高分子材料を燃えにくくするためには，高分子の分子構造を強固にするだけでなく，燃えにくくする薬剤の添加も有効である．ハロゲン化合物は，ポリマー分子の切断に伴って発生する活性ラジカルを効率よく補足する．また，水酸化マグネシウム $Mg(OH)_2$ は燃焼時に発生する熱を，分子の脱水反応により吸熱する．

燃焼のメカニズム

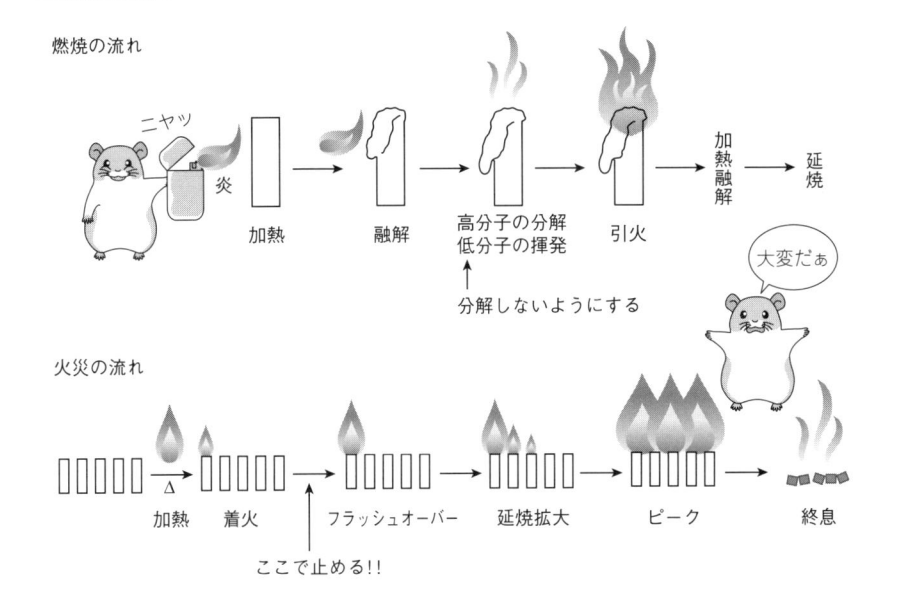

燃焼の流れ

加熱 → 融解 → 高分子の分解
低分子の揮発 → 引火 → 加熱融解 → 延焼

↑ 分解しないようにする

火災の流れ

加熱 → 着火 → フラッシュオーバー → 延焼拡大 → ピーク → 終息

ここで止める!!

燃えやすさの指標

燃えやすさの指標　　OI：（％）燃焼に必要な酸素濃度

物質	OI	分類
PTFE	95	難燃性
PVC	45	難燃性
フェノール樹脂	35	難燃性
ナイロン66	23	自己消火性
ポリカーボネート	26	自己消火性
ポリビニルアルコール	22	自己消火性
セルロース	19	延焼性
ポリエチレン	17	延焼性
ポリオキシメチレン	16	延焼性

X：ハロゲン

主鎖に芳香族環

柔らかく熱で融けやすい

主鎖に酸素原子が入っている

第4節 耐候性

高分子でできたバケツやプランターをベランダに置いておくとバリバリと崩れてしまうことがある．このようなことのないようにするのが耐候性である．

1 耐候性とは

高分子材料も酸素，オゾン，光（紫外線），熱，水分の影響で化学的，物理的に分解し劣化する．いちばんの原因は酸素による酸化反応である．図1に示すように，**光や熱によってラジカルに分解した箇所に酸素が入り込み過酸化物となる．これら活性な結合は，その後の過酸化物のラジカル分解を経てどんどん開裂反応が進んでいく．**

2 構造と耐候性

第三級 C-H 結合や二重結合の隣（アリル位）の C-H 結合は，結合切断によってその生成したラジカルが安定であるために切れやすい．そのため，そのような化学構造を有する高分子は耐候性が悪くなる（図2）．ポリプロピレン（PP）の耐候性の悪さはこのことに起因している．

高分子の耐候性にはその立体障害も大きく影響する．ポリスチレンがアリル位の第三級水素を持っているのに比較的耐候性があるのは，ベンゼン環による立体障害のせいである．また，非晶性ポリマーにおいて，T_g の低いポリマーでは分子間相互作用が弱くなり，酸素分子の拡散が起こりやすくなり，耐候性が落ちることになる．逆に結晶性ポリマーの場合は，結晶域が酸素の拡散を防ぐため，その耐候性が高くなる（図3）．

3 安定化剤

これら**高分子材料の耐候性を上げるために，酸化防止剤や光安定化剤が添加される．**酸化防止剤としては，フェノールやアミン類のようなラジカル捕捉剤が用いられ，酸化反応によって生じる活性ラジカルを捕捉することによって分解反応を抑えている．またベンゾフェノン類のような，紫外線を吸収することのできる光安定化剤も添加されている．

耐候性

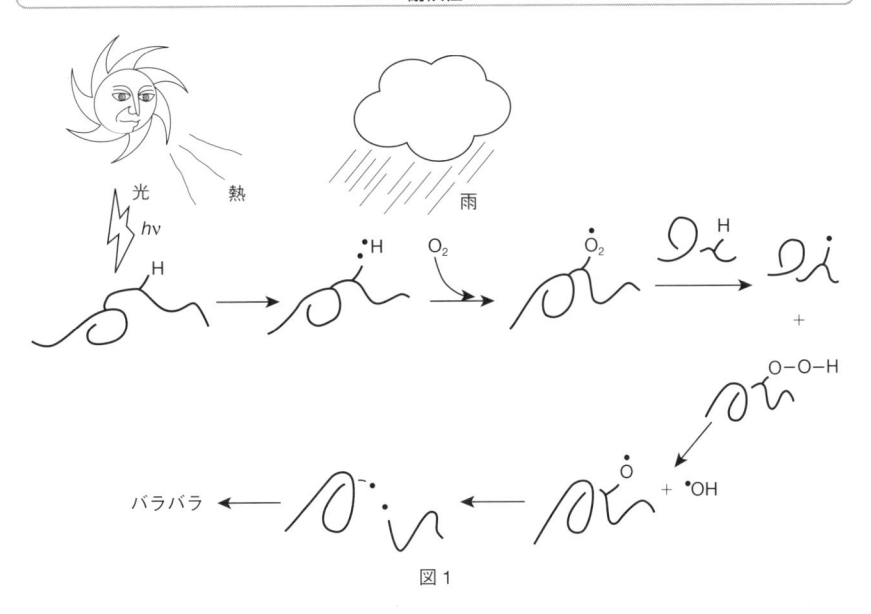

光 $h\nu$　熱　雨

図1

化学構造の差による分解のしやすさ

$$H-\underset{H}{\overset{H}{C}}-H \quad > \quad H-\underset{CH_3}{\overset{H}{C}}-H \quad > \quad H-\underset{CH_3}{\overset{CH_3}{C}}-H \quad > \quad CH_3-\underset{CH_3}{\overset{CH_3}{C}}-H$$

　　101　　　　　　98　　　　　　　89　　　　　　　85　　kcal/mol

図2

物理構造の差

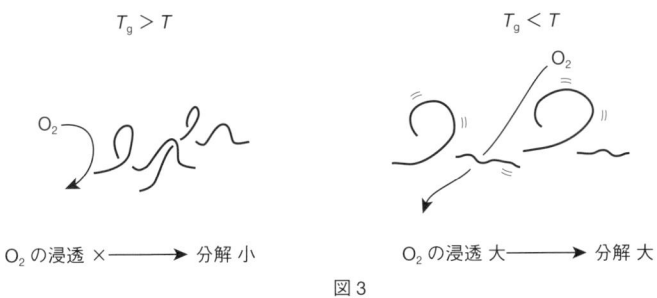

$T_g > T$ 　　　　　　　　　　　$T_g < T$

O_2 の浸透 ×　⟶　分解 小　　　　　O_2 の浸透 大　⟶　分解 大

図3

第5節 耐薬品性

プラスチック材料，特にエンジニアリングプラスチックなどは機械部品として使われる．そのため，機械油，ガソリンなど有機溶剤に接触する機会が多く，その耐薬品性は重要な性質となってくる．

1 耐薬品性とは

固体である高分子が，液体である薬品と接触すると何が起こるのだろうか？図に示すように，高分子に接触した薬品は，ポリマー分子の溶媒和を伴いながら，膨潤，浸透を経て高分子中に拡散していく．そのため材料を劣化させる原因となっている．溶解性を表す尺度として溶解度パラメーターがあり，このパラメーターが似ているものどうしの溶解性は非常によくなる．

2 耐薬品性を決める因子

耐薬品性を支配する因子は，ポリマー分子と薬品が混ざりやすいかどうかであり，溶解度パラメーターが近いと混ざりやすくなり，耐薬品性は落ちることになる．もう一つの因子は，薬品分子がどれだけポリマー中を拡散できるかである．ポリマー鎖が水素結合能や結晶化のために動きにくかったり，架橋密度が高かったり，ポリマー分子鎖の剛直性が大きい場合，その運動性は大きく抑制され，薬品のポリマー鎖内での拡散が遅くなり耐薬品性が向上する．

3 各種高分子材料の耐薬品性

ポリアミドやポリエステルのような極性ポリマーの場合，結晶性であり，剛直構造のものが多く，非極性ポリマーに比べて耐薬品性は高いが，逆に極性溶媒や酸・アルカリ水溶液に対しては弱くなる．一方，ポリエチレンやポリスチレンなどの無極性ポリマーは，有機溶剤には弱いが酸やアルカリには耐性を示す．

フッ素樹脂の代表であるポリテトラフルオロエチレン（PTFE）は典型的な無極性ポリマーではあるが，あまりにも極性が低いために，有機薬品とも親和性がなく，さらにはその高い結晶化度（95 %）のために，工業樹脂の中では最高の耐薬品性を示すことで知られている（表）．

耐薬品性

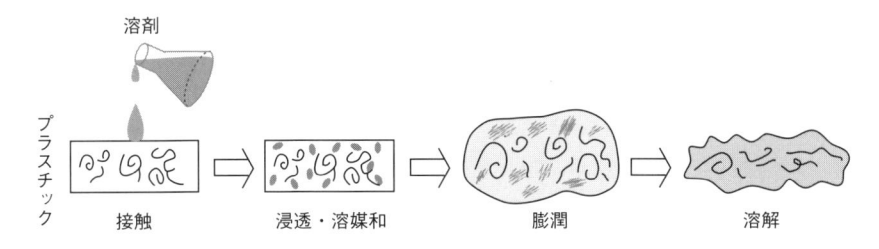

プラスチック → 接触 → 浸透・溶媒和 → 膨潤 → 溶解

溶剤

溶解度

凝集力
高分子
溶媒分子

凝集エネルギー：大　　　凝集エネルギー：小

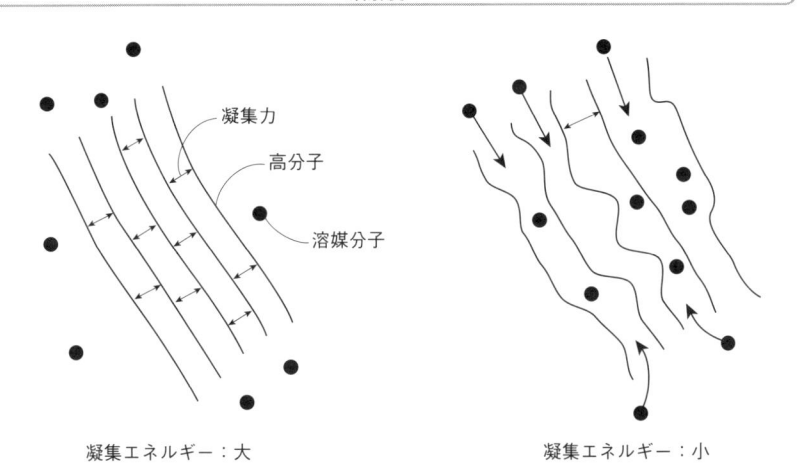

プラスチックの耐薬品性

	ポリカーボネート	ナイロン 6.6	PET	PS	PP	PTFE
有機溶媒	△〜×	◎	◎	×	△	◎
酸・アルカリ 低濃度	○〜△	◎〜○	◎	◎	◎	◎
高濃度	△〜×	△〜×	△〜×	○	◎	◎

第6節 バリア特性

炭酸飲料入りの PET ボトルは，ポリエチレンテレフタラート（PET）が炭酸ガスを通しにくいというバリア特性を利用している．バリア特性とは何だろうか？

1 バリア特性とは

バリア特性とは，高分子材料の気体の透過しやすさの指標である．バリア特性は，包装用フィルムやボトル用素材において重要な意味を持つ物性であり，耐薬品性の気体版であると考えればよい（図 1）．また，このバリア特性は，保護フィルムとしての指標であるだけでなく，特定の気体のみを透過させる富過膜としての機能を示す指標でもある．

2 バリア特性を決める因子

気体のバリア特性を決めるものは，耐薬品性と同じく，気体分子の溶解性と拡散性である（図 2）．液体の溶解性と同様，構造や性質が似たものどうしはよく溶けあう．酸素や二酸化炭素などのような非極性ガスは，非極性ポリマーを透過しやすい．逆に水蒸気は，ポリビニルアルコールやセルロース膜を容易に通過できる．拡散性においても，分子間水素結合，結晶化度，架橋密度など，ポリマー鎖が大きな凝集エネルギーを持っている場合，さらには主鎖が剛直な構造を有している場合には，気体分子の拡散性が落ちる．

3 バリア特性を有するフィルム

保護フィルムの重要な役割は，酸化剤である酸素を透過させないことによって内容物の鮮度を守ることである．非極性な酸素分子を透過させないためには，極性が高く分子鎖が剛直で結晶化度の高いものがよい．代表的なものとしてポリビニルアルコールやセルロース，さらにはポリビニリデンクロライドなどの極性高分子フィルムが上げられる（表）．

逆に，水蒸気などの場合，材料の極性を落とすことで溶解性を下げればよい．しかしこのことは，高分子鎖間の凝集エネルギーを下げてしまい，分子鎖の動きが容易になる．そのため気体分子の拡散性が高まってしまい，バリア特性が低下してしまうことにもなる．

バリア特性とは

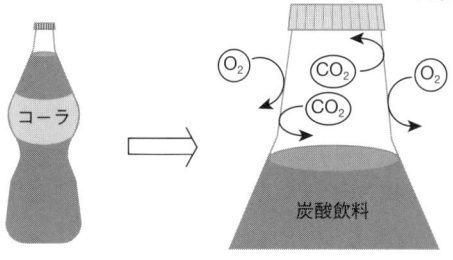

炭酸が抜けないように！　　　　　　　　　大事なバリア特性

図1

バリア特性を決める因子

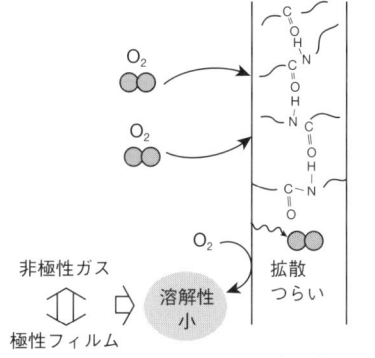

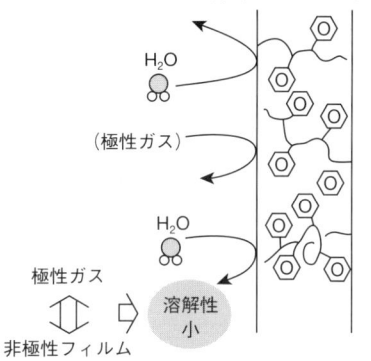

極性ポリマーフィルム

非極性ガス
極性フィルム
⇒ 溶解性小

分子間相互作用 強
⇒ 気体分子の拡散むずかしい
高いバリア能

非極性ポリマーフィルム

極性ガス
非極性フィルム
⇒ 溶解性小

分子間相互作用 弱
⇒ 気体の溶解性を落とすと
ポリマーフィルムの
凝集エネルギーが落ち
ガスの拡散が容易になる

図2

バリア特性を有するフィルム

ポリマー	凝集エネルギー密度	酸素透過度
ポリビニルアルコール	230	0.64
ポリビニリデンクロライド	140	16
ナイロン6	130	180
ポリエチレンテレフタラート	120	460
ポリプロピレン	60	23000
ポリエチレン	70	74000

6章 高分子の光と電気特性

高分子は今日の IT 産業やナノテクノロジーの基盤をなす技術を支える材料である．その光特性や電気特性を見ていこう．

第1節 光透過性

高分子が透明であること，これは至極当然ととらえられるかもしれない．しかし，なぜ透明なのか？そのおかげで何が得られているのだろうか？

1 光透過性とは

光の透過にいちばん大きな影響を与えているものは，ポリマー分子が持っている光吸収特性である．ポリマー分子の回転，振動や電子運動などによって，そのエネルギー準位に対応した波長の光が吸収される．このような吸収の一つは，可視・紫外領域において生じる「電子遷移吸収」であり，ベンゼン環やカルボニル結合などを有する高分子材料では，その吸収が大きい．そのため，可視光域を対象とした光学材料には不向きである．もう一つは赤外領域で生じる「分子振動吸収」である（図1）．この領域の光は C－H，O－H 結合などの振動エネルギーに対応している．このような結合を必ず含んでいる有機系高分子材料では，その領域の光の透過に対して，大きな障害を及ぼすことが知られている．それぞれが高分子材料の光学特性に違った角度から大きな影響を与える．

2 光散乱

高分子材料による光の散乱も，光の透過量を低下させる要因となる．散乱の要因となるものは，高分子中の分子鎖の結晶領域と非晶領域との界面であり（図2），結晶性高分子であるポリエチレン（PE）や PP は，透明性の悪いポリマーとして知られている．また，ほかの要因としてポリマー分子のミクロ環境下における密度揺らぎがある．この密度揺らぎは，ポリマー構造の分極率に大きく依存し，分極率が高いベンゼン環などを含有するポリマー（ポリスチレン PS）は散乱損失が大きいことが知られている．さらに，多成分系結晶性高分子は，ミクロな界面を持っていることから，散乱損失が大きくなる．

光透過性

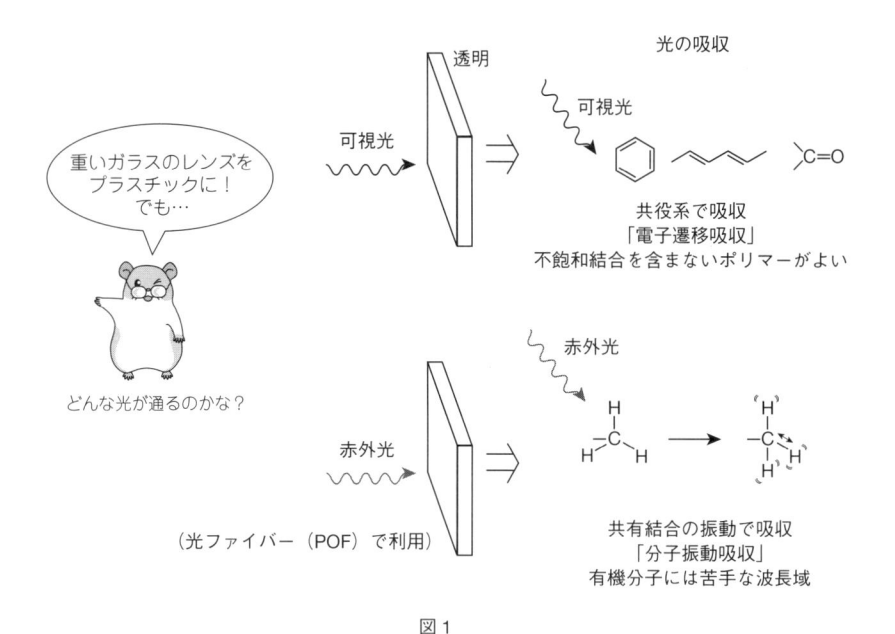

重いガラスのレンズをプラスチックに！でも…

どんな光が通るのかな？

可視光 → 透明

光の吸収

可視光 → ベンゼン環、共役ジエン、C=O

共役系で吸収
「電子遷移吸収」
不飽和結合を含まないポリマーがよい

赤外光

赤外光 →

（光ファイバー（POF）で利用）

共有結合の振動で吸収
「分子振動吸収」
有機分子には苦手な波長域

図1

光散乱

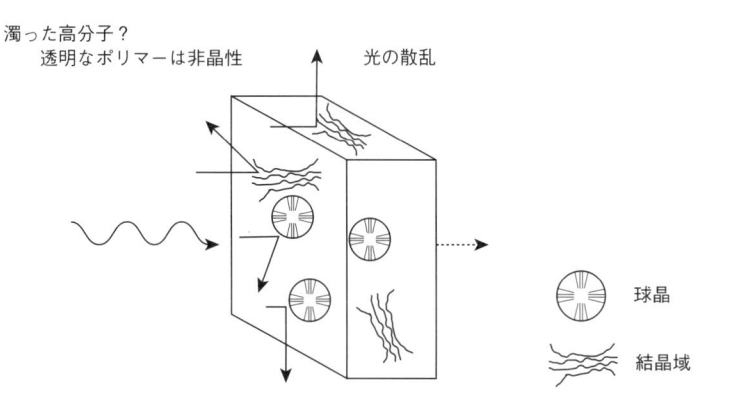

濁った高分子？
透明なポリマーは非晶性

光の散乱

○ 球晶
〜〜 結晶域

結晶域と非晶域との境など，微小界面の存在によって光が散乱してしまい，光透過性が減少する

図2

第2節 屈折率と複屈折率

　光学材料を語るとき，その屈折率は最も大事な性質の一つである．光の速度はその媒質によって変わる．二つの媒質の界面を光が進むとき，光はそこで屈曲することになる．真空に対してその媒質の持っている屈折率を絶対屈折率という．

1 屈折率を左右する因子

　ポリマー分子の分極率と分子容は，屈折率に影響を与えることが知られており，特に分極率の影響は大きい．分極率の大きな高分子，すなわちベンゼン環やハロゲン置換基を含むPSやポリカーボネート（PC）およびPVCは，高い屈折率（1.6近く）を有する（表1）．これら屈折率は分子容にも依存するため，高分子の分子容の変化，すなわち体積膨張を誘導するような因子，温度変化や湿度変化は屈折率に大きな影響を与える．この影響を考えて，精度の高さを要求される光学レンズには，その影響が互いに逆に出る凸レンズと凹レンズを組み合わせた複合レンズが使用されている．

2 複屈折

　複屈折とは高分子材料の屈折率が光の入射方向によって異なる現象である．複屈折率の大きな高分子材料は，光学材料として適当でない．非晶性高分子であれば，理論的には複屈折はないはずだが，成形時の歪みや応力によって複屈折が生じる．この複屈折率を小さくすることが光学高分子材料の開発には必須である．

3 光学用透明性高分子材料

　光学用高分子材料の代表格であるポリメチルメタクリレート（PMMA）は，非晶性高分子であり，無機ガラスを上回る透明性と，低い複屈折率を有する材質である．しかし，吸湿性があり，耐燃性や物理的強度に弱みを持っている．同じく光学高分子材料として応用されているポリカーボネートは，低吸水性，耐熱性，耐衝撃性を有するものの，大きな複屈折率を有するという欠点を有している（表2）．このように光学高分子材料は，クリスタルガラスなど屈折率の大きい特殊無機ガラス材料に比べ屈折率や耐燃性などに劣るものが多いが，軽量であること，耐衝撃性の高さなどによって現在の光学材料には欠くべからざるものとなっている．

屈折率と複屈折率

薄型プラスチックレンズでヨン様に！

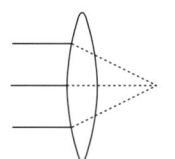

高分子レンズは低屈折率

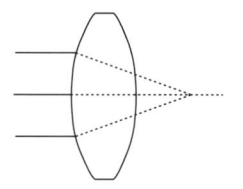

厚型レンズでないと集光できません

表1

材質	屈折率（空気に対して）
水	1.33
ガラス	1.48
PMMA	1.49
PS	1.59
PVC	1.63

透明性樹脂

表2

	PMMA	PC	PS
光透過率	92	88	89
屈折率	1.49	1.59	1.59
複屈折率	−0.0043	0.106	−0.10
熱変形温度（℃）	100	140	70〜100
吸水率	2.0	0.4	0.1
アイゾット衝撃強さ（kg·f·cm/cm）	2.2〜2.8	80〜100	1.4〜2.8

［井手文雄，特性別にわかる実用高分子材料，p.207，表 7.10，工業調査会（2002）］

第3節 高分子の絶縁性

高分子材料は代表的な絶縁体として知られているが，構造しだいでは半導体にも，さらには金属を上回る良導体にもなり，今日の電子材料の根幹を成している．

1 物質の電気特性

物質の電気特性は，基本的に電気をまったく通さない「絶縁体」，ふだんは電気を通さないが電圧がかかったときに電気を通す「半導体」と，よく電気を通す金属類の「良導体」とに分けることができる．**通常高分子材料は代表的な絶縁体として知られ，特に PE や PVC は良好な絶縁体として，電線などの被覆材として多用されている．**家庭用の電線被覆材としては，安価で難燃性である PVC が，大容量を屋外で使用するような送電線被覆には，架橋反応の施された PE が使用されている．

2 絶縁体高分子材料の静電気

絶縁体である**高分子材料は，金属などと接触摩擦することによって，一般的には負の静電気を帯電する．**この帯電した静電気により，成形製品，繊維などにいろいろな障害が生じる．ほこりが吸着されたり，電子部品に誤動作が発生し，最悪の場合は，粉塵爆発など火災の危険性も生じる．

3 絶縁体高分子材料による電磁波障害対策

情報のデジタル化に伴って，電磁波障害といった問題がクローズアップされてきている．電車内や病院で携帯電話を切るようにアナウンスがあるのも，この電磁波による医療機器への障害が起きるからである．その対策として，高分子材料では導電塗料の塗布やメッキ処理など樹脂の導電化が行われている．

4 高分子材料の導電化

これら静電気の帯電や電磁波障害を防ぐために，**高分子材料自身の導電化が図られてきた．**帯電防止剤としての低分子アンモニウム塩やポリスチレンスルホン酸ナトリウムなど電解質の添加であり，カーボンブラックや金属粉など良導体の添加である．帯電防止剤の添加により 6 桁，カーボンブラックや金属粉の添加では 12 ～ 15 桁の高分子材料表面の固有抵抗値を下げることが可能である．

絶縁性

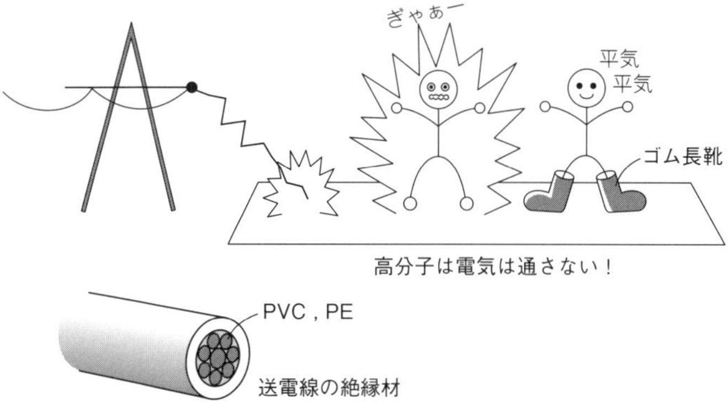

静電気の帯電

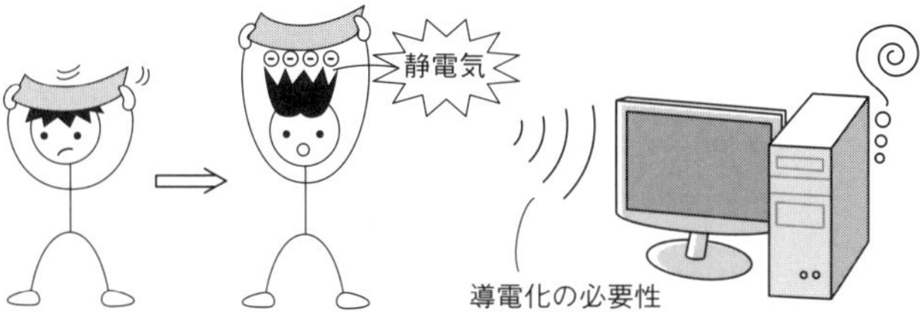

電磁波障害

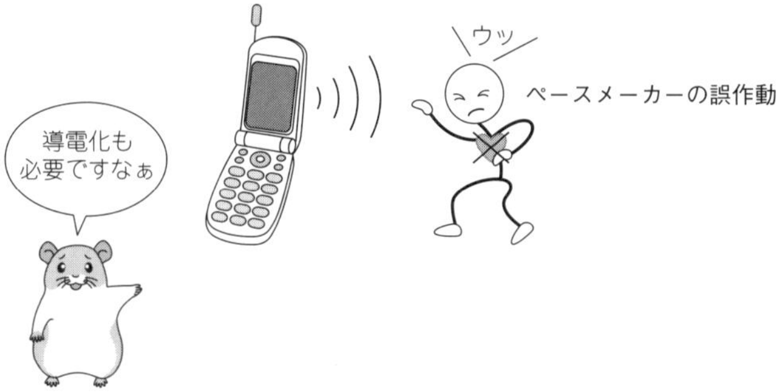

第4節 誘電特性

絶縁体である高分子も有機分子である．電場のかかった環境下においては分子結合の分極が起こり，誘電体としてのふるまいを始める．

1 誘電体であること

誘電率が大きく，フレキシブルなフィルム形成が可能な高分子は，コンデンサの素材として利用される．

高分子の分極には，PE や PP などの無極性高分子のように，分子全体で電場に対して分極するだけのものと，ポリアミド（PA）などの極性高分子のように，分子全体の分極に加え，カルボニル基のような官能基が大きく分極するものがある．これらは高誘電率の材料となる（図1）．

2 誘電損失

極性分子の配向によって影響される分極では，材料にかかる電場の種類やその周波数によって影響される．**特に交流電場では，誘電損失というエネルギー損失の問題が生じてくる．**

双極子が分極をする誘電体が交流電場に置かれると，その周波数の振動に対応（配向を変える）することができなくなって，電気エネルギーを吸収して熱エネルギーとしてしまう．電線の被覆材でも，交流電界中ではこの誘電損失が電気エネルギーの浪費につながるため大きな問題となっている（図2）．

3 誘電特性の活用

これからの情報化社会において，通信は高速化が急務であり，被覆材による誘電損失問題は早急に解決を迫られている問題である．誘電損失を少なくするためには，周波数特性が少なく，誘電率の低い高分子材料の開発が必要である．しかし一方，逆にこの**誘電特性を積極的に応用することも考えられている．薄型高性能コンデンサの開発である．**高誘電率を保持し，しなやかな薄膜形成の可能な高分子誘電体はコンデンサの超小型化，および形状の自由化など高い将来性を見込まれている．

誘電特性

? 高分子は絶縁体 ? ·············▶ 電場の中に置けば分極する誘電体です

分極

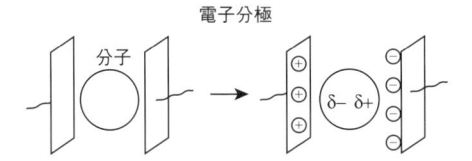

電子分極

原子間に局在している電子が分極して分子全体として電子の偏りが生じる

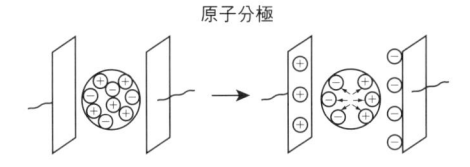

原子分極

電荷を持った原子が分子内を移動して偏りが生じる

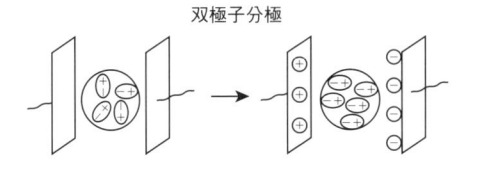

双極子分極

分子内の双極子が電場に対して配向して分子全体としての分極が生じる

図1

誘電損失

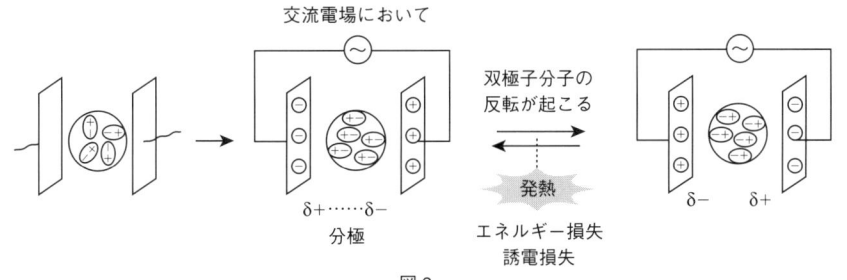

交流電場において

双極子分子の反転が起こる

発熱
エネルギー損失
誘電損失

$\delta+\cdots\cdots\delta-$
分極

図2

第5節 圧電特性

フィルム状スピーカーや，タッチパネルに使われている技術が高分子圧電素子である．圧電素子とは何だろうか．

1 圧電素子とは

分極された分子が一方向に配向した高分子材料がある．この高分子に応力をかけて変形させると，その分極状態に変化が生じ，応力を電気エネルギーとして取り出すことが可能になる．このように機械的エネルギーを電気エネルギーに変換することのできる素材を圧電素子という．代表的な材質は，チタン酸バリウム（$BaTiO_3$）などのセラミックス焼結体であり，スピーカーなどへの応用のほか，振動のセンサーとしての開発が進められている．近年，高分子材料にもこのような特性を持つものが見いだされ，透明・薄膜化など，高分子材料の特徴を付与された圧電素子が開発されている．

2 圧電性高分子の分子設計

圧電特性を有する高分子材料として，配向による双極子分極が大きく現れる高分子がある．代表例としては，結晶性ポリマーのポリビニリデンフルオライドなどが知られている．圧電特性を付与するにはこれら双極子分極のしやすいポリマーをフィルムに延伸し，官能基が一方向に配向した高分子フィルムを作る．これらフィルムに直流電場をかけることによって双極子の配向をさらに進め，電場をかけたままの状態でポリマーを徐冷すると双極子の配向がそのまま固定化された素材（エレクレット）ができあがる．

この高分子フィルムに外部応力をかけ，分子配向に歪みを与えると，フィルムの両端の電極間に電流が流れるようになる．このようにして，外部応力を電流に置き換えることのできる材料が，高分子圧電素子である．

3 圧電性高分子の応用

高分子圧電素子は，薄膜化，自由な成形性が特徴であり，柔軟性に富み，衝撃に強い耐性を有するものである．これらの素子は薄型スピーカー（フィルム状）やヘッドホンの設計に有利な高分子材料となる．

圧電特性

「音楽の流れる風鈴だぁ〜」

圧電性高分子

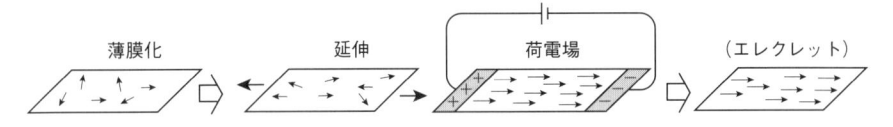

薄膜化 → 延伸 → 荷電場 → （エレクレット）

フィルム形成時に双極子モーメントを電場の元で配向させる

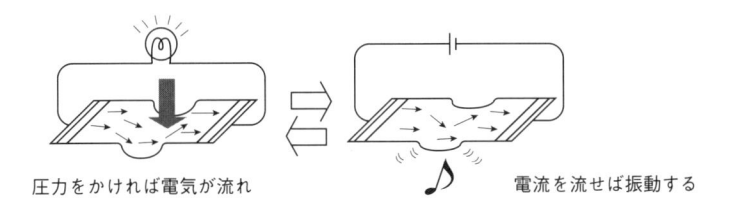

圧力をかければ電気が流れ ⇔ 電流を流せば振動する

第6節 導電性高分子

2000年のノーベル化学賞は，導電性高分子の発見に対して，日本の白川英樹先生らに授与された．導電性高分子とはいったい何なのだろうか？

1 導電性高分子とは

絶縁体である高分子材料は，電線の被覆材に使用されるなど，電気関係の基幹材料である．ところが，ここで本来絶縁体であるはずの高分子材料自身を良導体に変換しようとする試み，すなわち導電性高分子の分子設計が行われたのである．

2 なぜ高分子に電気が流れるのか

導電性高分子とは，基本的には高分子鎖全体に二重結合などの共役系が拡がっている高分子のことを指す．その代表例はポリアセチレンであり，これらのポリマーでは，共役二重結合を通してπ電子がポリマー全体に流れることが原理的には可能である．しかしながら，現実には導電率が約 10^{-5} S cm^{-1} 程度の半導体でしかなかった．

白川らは特殊な触媒（チーグラーナッタ系触媒（第7章第6節参照））を用い，トランス型共役系を有したポリアセチレンの合成に成功した．さらに，ポリアセチレンに I_2 を添加（ドープする）することによって，分子全体を自由に動き回ることのできる正孔（＋）を発生させた．その結果，正孔に金属の持つ自由電子のようなふるまいをさせることにより，導電性高分子フィルムの合成に成功したのである．このドープを施したポリアセチレンは，1.7×10^5 S cm^{-1} と金属銅（6.4×10^5 S cm^{-1}）に匹敵する導電率を有する高分子フィルムとなった．

3 導電性高分子の応用

導電性高分子は，金属のような導電体であり，同時に有機系高分子として優れた膜形成能を有し，透明で柔らかな性質をもっている．電気を流すことのできる透明なフィルムは，各種電化製品のタッチパネル表面フィルムやコンピューターディスプレー用の電磁波シールドフィルターなど，多方面への応用が進められている．

導電性高分子

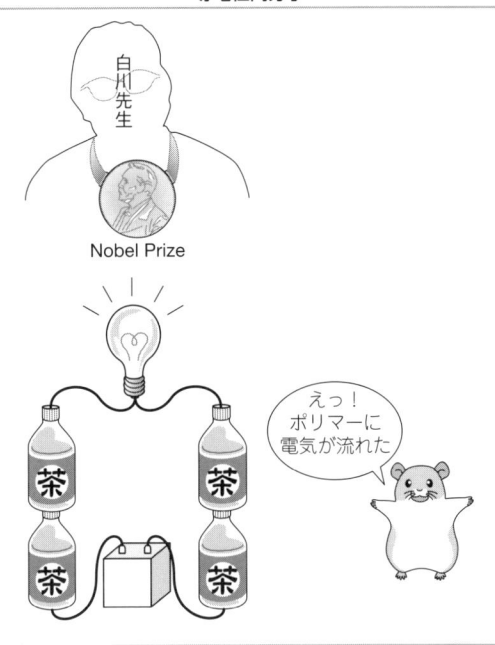

白川先生

Nobel Prize

えっ！ポリマーに電気が流れた

なぜ電気が流れるのか

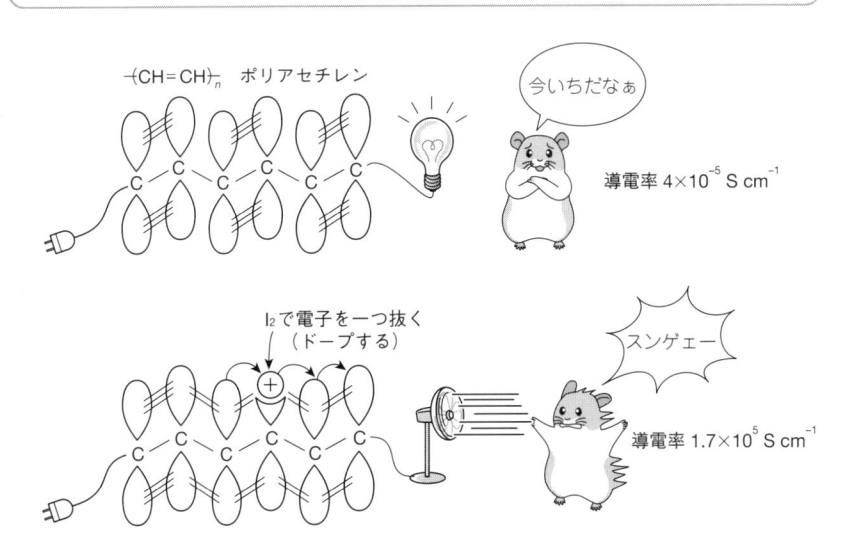

$-(CH=CH)_n-$ ポリアセチレン

今いちだなぁ

導電率 4×10^{-5} S cm^{-1}

I_2で電子を一つ抜く（ドープする）

スンゲェー

導電率 1.7×10^5 S cm^{-1}

第6節◆導電性高分子

column アクリル水族館

　近年，水族館に巨大な水槽が現れて話題を呼ぶようになった．以前には考えられなかったほどの巨大な水槽に，マンタ（大きなエイ）や巨大なジンベエザメが悠々と泳ぐ姿は，確かに一見の価値がある．

　このように，大きな水槽が可能になったのは高分子化学の発展のおかげである．水族館の水槽はガラス製ではない．アクリル樹脂製なのである．アクリル樹脂のよい点は，ガラスに比べて比重が小さく，軽いことである．そのため，設置場所の建築強度に過重な負担をかけないで済む．

　しかし，それ以上に大きな利点は，工作上の利点である．有機物であるアクリルは有機溶剤に溶ける．この性質を利用すると，巨大な水槽も，小さな単位パーツの寄せ集めに還元することができる．すなわち，工場では適当な大きさのアクリル材として成形し，それを設置現場に持って行って，そこで集積し，巨大材とするのである．

　アクリル材の接着は簡単である．接着する2枚のアクリル材を密着させ，そのすき間に有機溶剤を流し込むのである．毛細管現象ですき間にしみこんだ有機溶剤は，両方のアクリル樹脂を溶かして融合する．これは，接着剤による接着ではない．いわば鉄の溶接と同じである．接合したアクリル材は，あたかも最初からそのように成形されたかのように接合するのである．

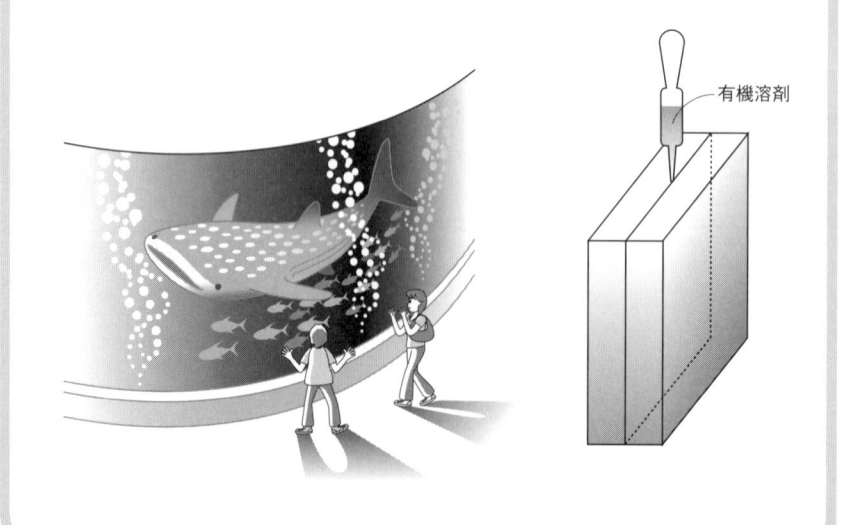

有機溶剤

第II部 高分子の合成

7章 連鎖反応

　室内，室外を問わず，どこに目を移そうと合成高分子が視野に入らないことはないほどである．合成高分子がこのように，質的にも量的にも豊富になったのは，高分子合成の理論と技術が進歩したからにほかならない．合成高分子の種類がたくさんあるように，それを合成する方法にも多くの種類が知られている．本章と第8章で，高分子合成について見ていくことにする．

第1節 反応の種類

1 連鎖反応と逐次反応

　高分子を合成する反応の種類を，反応の進みかた，すなわち反応機構から分けると，連鎖反応と逐次反応に分けることができる．

　連鎖反応は，1回の反応が起こるとその後は次々に自発的に反応が進行していく反応をいう．

　それに対して逐次反応は，各段階の反応がきちんと順を追って進行するものをいう．

2 反応の種類

　反応は反応に関与する分子の，分子構造の変化という観点から分類することもできる．

　炭素間に二重結合を持つ低分子が，互いに二重結合部分で付加して高分子になる反応を，一般に重合という．ただし，重合という場合は，ただ1種の低分子がたくさん結合して高分子になる反応を指すこともある．それに対して，何種類かの分子が関与する重合反応を共重合という．

　官能基を持つ低分子は，官能基を反応に使って高分子になる場合もある．このような反応として，重付加反応，重縮合反応，付加縮合重合などが知られている．

　重合は連鎖反応で進行することが多く，重付加，重縮合，付加縮合重合は逐次反応で進行する．本章では，連鎖反応を扱い，逐次反応については次章で詳しく見ることにする．

連鎖反応

ハイヨッ！　オッケー！　ドーゾ！　ヨシキタ！　イクヨッ！

連鎖リレー

連鎖反応と逐次反応

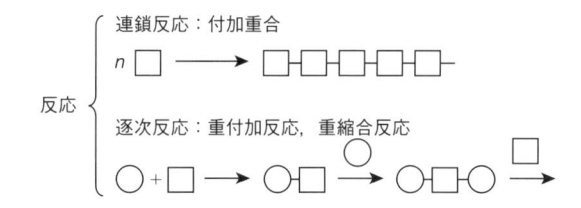

反応
- 連鎖反応：付加重合
  $n\ \square \longrightarrow \square\square\square\square\square-$
- 逐次反応：重付加反応，重縮合反応
  $\bigcirc + \square \longrightarrow \bigcirc\square\ \bigcirc \longrightarrow \bigcirc\square\bigcirc\ \square \longrightarrow$

反応の種類

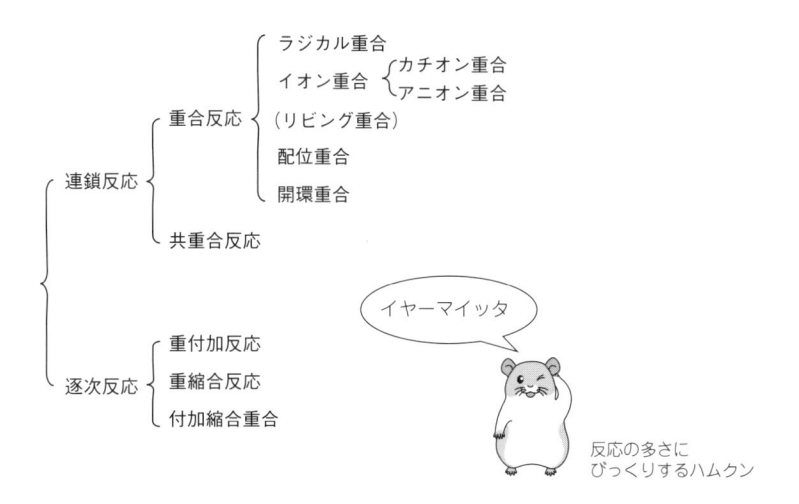

- 連鎖反応
  - 重合反応
    - ラジカル重合
    - イオン重合
      - カチオン重合
      - アニオン重合
    - （リビング重合）
    - 配位重合
    - 開環重合
  - 共重合反応
- 逐次反応
  - 重付加反応
  - 重縮合反応
  - 付加縮合重合

イヤーマイッタ

反応の多さに
びっくりするハムクン

第2節 連鎖反応

連鎖反応は，高分子合成の基本的な反応であり，ポリエチレン合成もこの反応によって行われる．

1 開始反応

連鎖反応は，反応活性種 **2** が低分子モノマー **3** を攻撃してラジカル中間体 **4** を生成することによって進行する．

したがって，連鎖反応には活性種 **2** が是非とも必要である．この **2** を生成する分子を反応開始剤という．開始剤 **1** が分裂して，活性点を持った活性種 **2** となることから反応が開始される．

一般に**重合反応は**，連鎖反応によって進行することが多く，開始剤の種類によって，ラジカル重合，イオン重合，（リビング重合），配位重合など，多種類の反応がある．

2 生長反応

活性種 **2** が二重結合を持ったモノマー **3** を攻撃すると，モノマーが持つ 2 組の握手のうちの 1 組が解け，余った結合手を持ったラジカル中間体 **4** ができる．**4** は，この余った結合手で，次のモノマー **3** と反応してラジカル中間体 **5** となる．**5** はさらに次のモノマーと反応して，という形式でどんどん反応が進行し，ついには何千，何万個のモノマーが結合したポリマー，高分子となるわけである．

3 停止反応

一連の重合反応が終了するためには，中間体の活性点が消えればよい．そのためには二つの方法がある．

ひとつは，活性種 **2** がラジカル中間体 **6** の活性点に結合し，安定な高分子 **7** になることである．そして，もうひとつは，2 分子のラジカル中間体 **6** が反応する，すなわち，**6** が二量化して安定高分子の **8** になることである．

開始反応

開始剤 **1** → 2 活性種 **2** ・活性点

生長反応

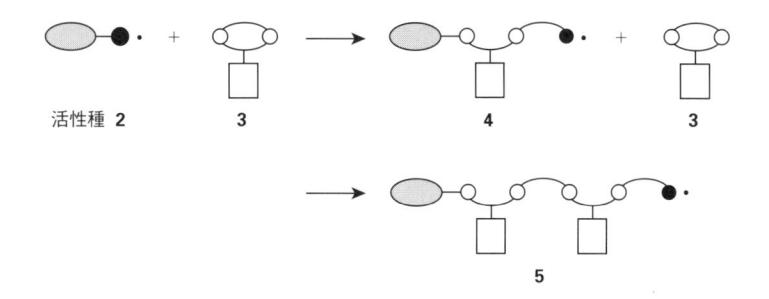

活性種 **2** + **3** → **4** + **3**

→ **5**

停止反応

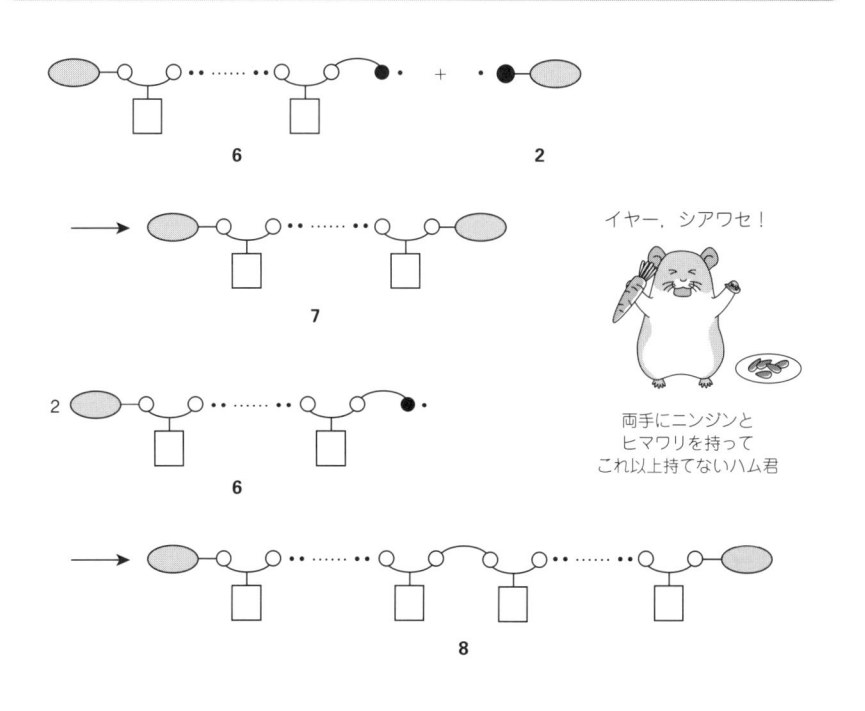

6 + **2**

→ **7**

2 **6**

→ **8**

イヤー，シアワセ！

両手にニンジンと
ヒマワリを持って
これ以上持てないハム君

第 2 節 ◆ 連鎖反応

第3節 ラジカル重合

前節で見た，反応開始剤から発生した活性種の活性点がラジカルになっているとき，この反応をラジカル重合という．ラジカルとは不対電子を持った原子団のことである．

1 開始剤

過酸無水物 **1** を熱分解するとラジカル中間体 **2** を経由してフェニルラジカル **3** となる．**2**，**3** はともに活性種であり，反応開始剤になることのできる分子種である．

2 開始，生長反応

スチレン **4** が重合してポリスチレン **8**，**9**，**10** になる反応を考えてみよう．**4** に活性種 **2** が反応すると中間体 **5** が生成する．**5** は不対電子を持っているので，それ自体も活性種である．したがって，**5** が次のスチレンを攻撃すると **6** となる．このように反応が次々と進行すると，多くのスチレンが重合した中間体 **7** に生長する．

3 停止反応

反応はいつか停止しなければ，無限に長いポリスチレンができることになるが，そのようになることはない．

2 分子の **7** が出会うと，互いの不対電子を使って共有結合し，**7** の二量体 **8** となる．**8** は不対電子を持っていないので，これ以上反応が進行することはなく，反応は停止する．**8** はスチレンが多量化したポリスチレンであるが，分子鎖の両端はスチレンではなく，開始剤になっている．

反応の停止のしかたはもう一つある．**不均化**である．不均化とは，二つの同じ分子種が反応して，別々の二つの分子種になることをいう．図において，左の **7** から右の **7′** へ水素原子が移動すると，左は **9** に，右は **10** になる．**9** も **10** も不対電子を持っておらず，安定な分子である．

実際には，再結合，不均化，両方が起きて反応は停止することになる．

開始剤

$$\underset{1}{\text{Ph-C(=O)-O-O-C(=O)-Ph}} \xrightarrow{\text{加熱}} 2\ \underset{2}{\text{Ph-C(=O)-O·}} \xrightarrow{\text{不対電子}} 2\ \underset{3}{\text{Ph·}} + 2CO_2$$

開始反応

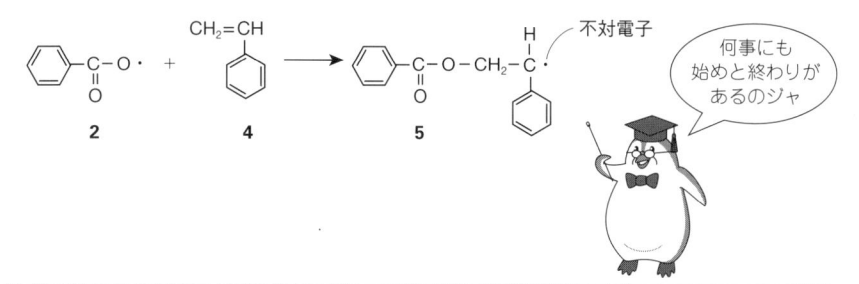

$$\underset{2}{\text{Ph-C(=O)-O·}} + \underset{4}{\text{CH}_2=\text{CHPh}} \longrightarrow \underset{5}{\text{Ph-C(=O)-O-CH}_2\text{-CH(Ph)·}} \quad \text{不対電子}$$

何事にも始めと終わりがあるのジャ

生長反応

$$\underset{5}{\text{Ph-C(=O)-O-CH}_2\text{-CH(Ph)·}} + n\ \underset{4}{\text{CH}_2=\text{CHPh}} \longrightarrow \underset{6}{\text{Ph-C(=O)-O-(CH}_2\text{-CH(Ph))}_n\text{-CH}_2\text{-CH(Ph)·}} \longrightarrow \underset{7}{\text{R-CH}_2\text{-CH(Ph)·}}$$

停止反応

$$\underset{7}{\text{R-CH}_2\text{-CH(Ph)·}} + \underset{7'}{\text{·CH(Ph)-CH}_2\text{-R'}} \begin{cases} \xrightarrow{\text{再結合}} \underset{8}{\text{R-CH}_2\text{-CH(Ph)-CH(Ph)-CH}_2\text{-R'}} \\ \xrightarrow{\text{不均化}} \underset{9}{\text{R-CH=CH(Ph)}} + \underset{10}{\text{CH}_2\text{-CH}_2\text{-R'(Ph)}} \end{cases}$$

そうなんデスカ

ドーデモヨイヨーなハム君

第4節 イオン重合

反応開始の活性種にイオンを用いる反応をイオン重合という．イオン重合には，カチオン重合とアニオン重合がある．

1 カチオン重合

開始剤のイオンとしてカチオン（陽イオン）を用いるものを，カチオン重合という．

反応は，開始剤カチオン 1 がモノマー分子 2 を攻撃して中間体カチオン 3 を与えることによって開始される．この場合，1 は電気的にプラスなので，2 の電気的にマイナスの部分を優先的に攻撃することになる（この例では置換基 Y は電子供与基なので，置換基のついていない炭素がマイナスになる）．その結果，中間体カチオンのカチオン部分は，常に一定の炭素上にあることになる（この例では Y のついている炭素）．

このような反応の結果，カチオン重合で生じる高分子には構造上の規則性が出てくる．すなわち，この例では，各モノマー単位の右側の炭素上に置換基がついていることになる．もし，反応に規則性がなければ，不規則な構造の高分子が生じるはずである．

2 アニオン重合

開始剤イオンにアニオンを用いるものをアニオン重合という．マイナス電荷を持った開始剤の陰イオンがモノマーを攻撃することによって反応が開始される．モノマーが電子求引基を持っていれば，置換基のついていない炭素がプラスに帯電するので，反応はそこを目がけて攻撃することになる．結局，反応はカチオン重合と同様に規則性を持って進行する．

3 反応種

イオン重合で反応が進行するモノマーを表にまとめた．カチオン重合するモノマーは置換基として，OH や OCH_3 などの電子供与基を持っている．反対に，アニオン重合するモノマーは CN，CF_3，NO_2 などの電子求引基を持っていることがわかる．

カチオン重合

$$H^+ \quad CH_2=CH{-}Y^{\delta+} \quad \xrightarrow{\quad} \quad H{-}CH_2{-}\overset{+}{C}H{-}Y$$

1   2   3

Y：電子供与基

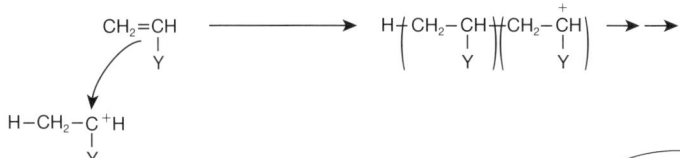

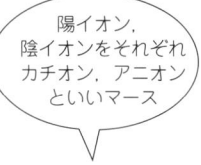

$$CH_2=CH{-}Y \quad \xrightarrow{\quad} \quad H{-}(CH_2{-}CH(Y){-})(CH_2{-}\overset{+}{C}H(Y)) \rightarrow \rightarrow$$

$$H{-}CH_2{-}\overset{+}{C}H{-}Y$$

規則的 $H{-}(CH_2{-}CH(Y){-}CH_2{-}CH(Y){-}CH_2{-}CH(Y){-}CH_2{-}CH(Y){-})$

不規則的 $H{-}(CH_2{-}CH(Y){-}CH(Y){-}CH_2{-}CH_2{-}CH(Y){-}CH(Y){-}CH_2{-})$

> 陽イオン，陰イオンをそれぞれカチオン，アニオンといいマース

アニオン重合

$$R^- \quad CH_2=CH{-}X^{\delta-} \quad \xrightarrow{\quad} \quad R{-}CH_2{-}\overset{-}{C}H{-}X$$

4   5   6

X：電子求引基

反応種

> 電子供与性の置換基があるとカチオン重合．電子求引性の置換基があるとアニオン重合がしやすくナリマース

反応	モノマー	
カチオン重合	$CH_2=C(OH)_2$ $CH_2=CH(OCH_3)$	$CH_2=C(CH_3)(C_6H_5)$
アニオン重合	$CH_2=C(CN)_2$ $CH_2=C(CN)(CF_3)$	$CH_2=C(NO_2)(CH_3)$

第5節 リビング重合

再結合や不均化による停止反応が起こらないため,反応によって生じた中間体活性種がいつまでも活性であり続ける(生き続ける,Living)重合反応をリビング重合という.

1 開始反応

ナフタレン **1** に金属ナトリウムを作用させると,ナトリウムからナフタレンに電子が移動したナフタレンアニオンラジカル **2** が生成する.これが反応開始剤となる.スチレン **3** に **2** を作用させると **2** の電子が **3** に移動して,**3** のアニオンラジカル **4** が生成する.電子を与えた **2** は元の **1** に戻る.

2 生長反応

アニオンラジカル **4** は,1分子中にアニオン部分とラジカル部分がある.アニオン部分は互いに静電反発するので結合できないが,ラジカル部分で結合するとジアニオン(ジ=2の意)**5** となる.

5 は分子の両端にアニオン部分があるので,ここを使ってアニオン重合することができる.その結果,多数のスチレンを重合したリビングポリスチレン **6** となる.**6** は両端にアニオン部分があるので,活性な中間体である.

3 特徴

リビング重合には主に二つの特徴,利点がある.

1) **高分子の長さがそろう** リビング重合ではジアニオン **5** の生成が非常に早く進行する.そのため,**進行する重合反応の個数は加えた開始剤(ナフタレン)の濃度に比例する**.また,反応はモノマー(スチレン)がなくなるまで進行する.そのため,何個のモノマーが重合するかという重合度は図の式で表されることになる.すなわち,すべての高分子の重合度は等しくなる.

2) **コポリマーを作る** リビングポリスチレン **6** は活性種である.すべてのスチレンが反応した後,系にスチレン以外のモノマーを加えれば,その時点で,その新しいモノマーを元にポリマー化が再スタートする.すなわち,**ブロックコポリマーが生成することになる**.

開始反応

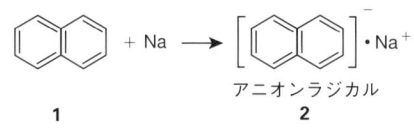

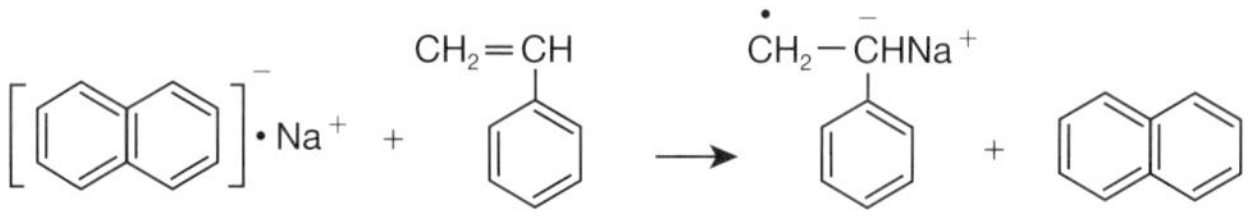

ナフタレン 1 + Na → [ナフタレン]⁻·Na⁺ (アニオンラジカル 2)

2 + CH₂=CH-C₆H₅ (3) → ·CH₂-CHNa⁺-C₆H₅ (アニオンラジカル 4) + 1

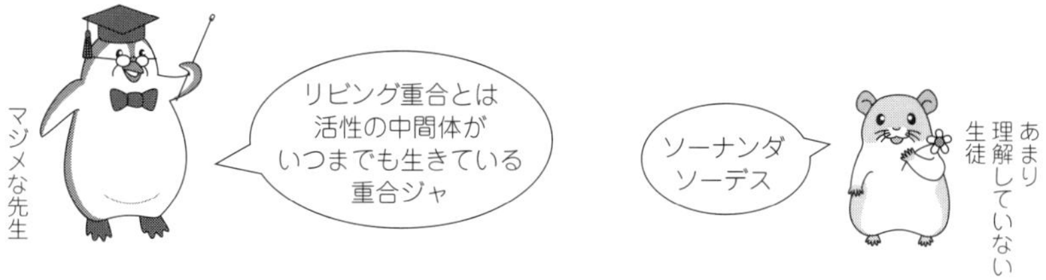

マジメな先生:「リビング重合とは活性の中間体がいつまでも生きている重合ジャ」

生徒:「ソーナンダソーデス」（あまり理解していない）

生長反応

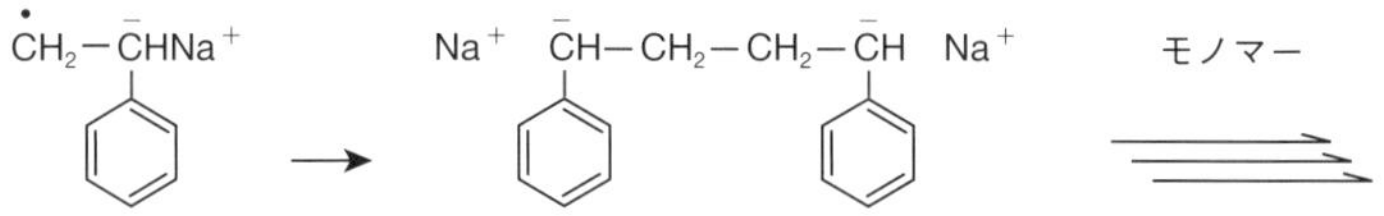

4 → Na⁺⁻CH(C₆H₅)-CH₂-CH₂-CH⁻(C₆H₅) Na⁺ （ジアニオン 5） ⇌ モノマー

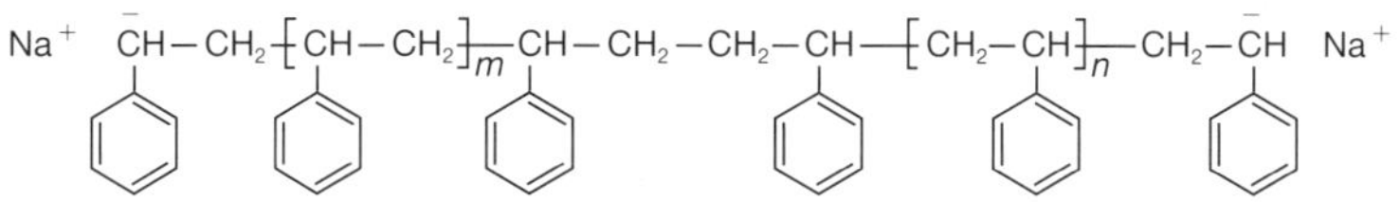

→ リビングポリスチレン 6

Na⁺⁻CH(Ph)-CH₂-[CH(Ph)-CH₂]$_m$-CH(Ph)-CH₂-CH₂-CH(Ph)-[CH₂-CH(Ph)]$_n$-CH₂-CH⁻(Ph) Na⁺

特徴

重合度 $P = \dfrac{[M]}{\frac{1}{2}[C]}$

[M]：モノマー濃度
[C]：開始剤濃度

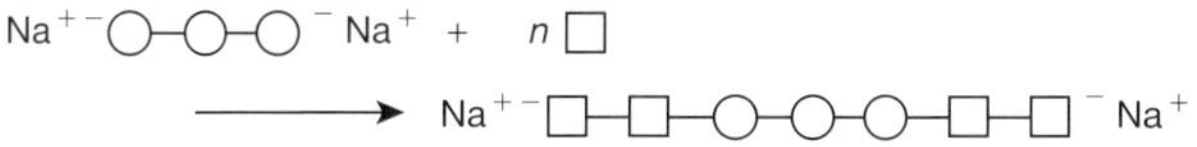

Na⁺⁻○−○−○⁻Na⁺ + n □ ⟶ Na⁺⁻□−□−○−○−○−□−□⁻Na⁺

ブロックコポリマー

第5節◆リビング重合

第6節 配位重合

発見者の名前に因んで，チーグラー・ナッタ触媒と呼ばれるチタン触媒を用いた重合反応を配位重合という．立体的に規則的な高分子が得られるのが特徴である．

1 開始剤

四塩化チタン **1** にトリエチルアルミニウム **2** を作用させるとエチル三塩化チタン **3** が生成する．これがチーグラー・ナッタ触媒である．この触媒の活性中心は Ti $\cdots$ C_2H_5 の間，すなわち点線の部分の Ti$\cdots$C 間にある．

2 生長，停止反応

プロピレン **4** に触媒 **3** を作用させると，**3** の Ti$\cdots$$C_2H_5$ の間に **4** が挿入された形の中間体 **5** が生成する．**5** も反応活性な Ti$\cdots$C 部分を持っているので，この部分で次のプロピレンと反応する．同様な反応が次々と進行すると，最終的に長大な中間体 **7** に生長する．

なお，反応の中間状態は **6** のように，プロピレンがチタンに配位した構造になっているものと理解されている．

反応はポリマー鎖の水素がチタンに移動することによって停止する．

3 立体制御

配位重合の特徴は，生成物の立体制御が可能なことである．第 3 章で見たように，プロピレンが重合するときには 3 種の立体異性体が可能である．規則的なイソタクチック，シンジオタクチックと，規則性のないアタクチックである．プロピレンをラジカル重合で重合させると，生成したポリプロピレンにはこの 3 種が混じって生成する．

しかし，配位重合で重合すると，イソタクチック型だけが生成する．このようなポリプロピレンは混合型のポリプロピレンに比べて融点が高く，結晶性も高いため，変形しにくく機械的強度が強くなる．そのため，高強度用繊維やフィルムなどに用いられる．

開始剤

$$TiCl_4\text{(液体)} + Al(C_2H_5)_3 \longrightarrow C_2H_5TiCl_3 + (C_2H_5)_2AlCl$$

1   **2**   **3**

チーグラー・ナッタ触媒

生長・停止反応

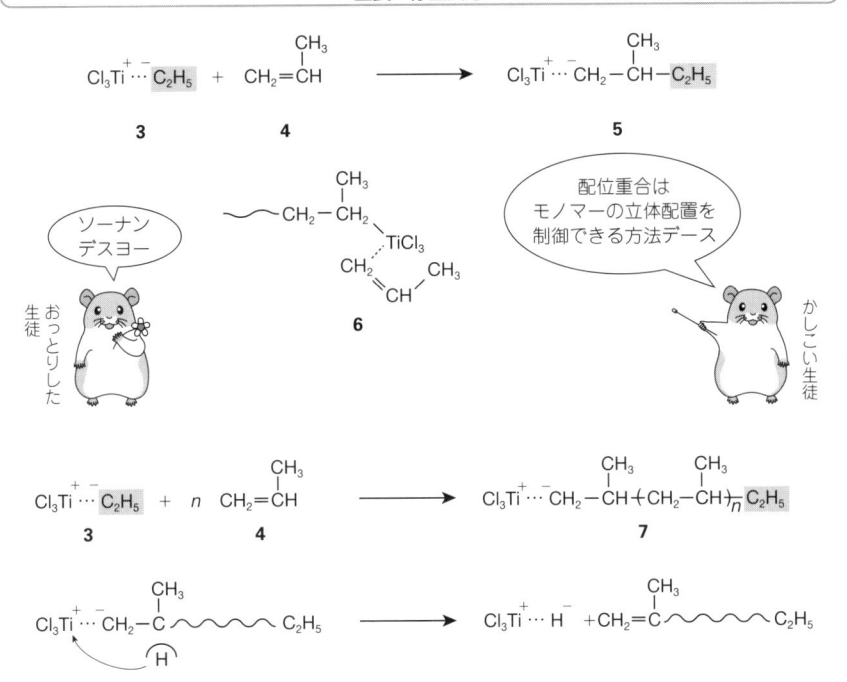

$$Cl_3Ti^+\cdots^-C_2H_5 + CH_2=CH(CH_3) \longrightarrow Cl_3Ti^+\cdots^-CH_2-CH(CH_3)-C_2H_5$$

3   **4**   **5**

6

> ソーナンデスヨー
> （おっとりした生徒）

> 配位重合はモノマーの立体配置を制御できる方法デース
> （かしこい生徒）

$$Cl_3Ti^+\cdots^-C_2H_5 + n\,CH_2=CH(CH_3) \longrightarrow Cl_3Ti^+\cdots^-CH_2-[CH(CH_3)-CH_2]_n-C_2H_5$$

3   **4**   **7**

$$Cl_3Ti^+\cdots^-CH_2-C(CH_3)(H)\sim\sim\sim C_2H_5 \longrightarrow Cl_3Ti^+\cdots^-H + CH_2=C(CH_3)\sim\sim\sim C_2H_5$$

立体制御

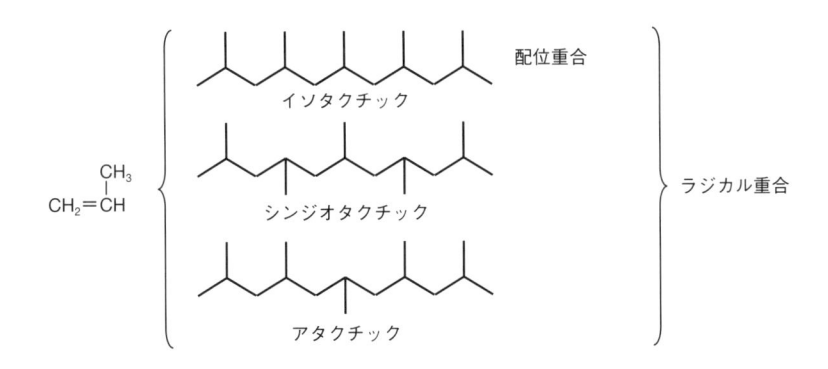

$$CH_2=CH(CH_3)$$

- イソタクチック — 配位重合
- シンジオタクチック
- アタクチック — ラジカル重合

第6節◆配位重合

第7節 開環重合反応

環状分子が次々と開環しながら重合していく反応を開環重合反応という．開環重合の特色は，炭素以外の原子が反応中になることができることである．

1 環状化合物

いくつかの原子が環状に連なった化合物を環状化合物という．環を構成する元素に炭素以外の元素があるとき，その元素をヘテロ元素といい，ヘテロ元素を含む環状化合物をヘテロ環状化合物という．

開環重合はヘテロ環状化合物を用いての重合反応であるが，そのヘテロ元素は，エステル結合，アミド結合など，特有の結合単位（官能基）を構成するものである．表に，開環重合に用いられる代表的な環状化合物を示した．

2 開環反応

反応は反応開始剤によって開始される．開始剤 AB がイオン的に分解するとアニオン A^- とカチオン B^+ が生成する．反応は A^- もしくは B^+ によって開始される．

アニオン A^- によって開始される例を見てみよう．反応は基本的にアニオン重合と同じである．環状化合物 **1** の電子不足部分（X）に A^- が反応すると，**1** は開環して，Y がアニオンとなった中間体アニオン **2** となる．このように，**開環反応では，開環が同時に反応中心の形成につながっている**．

3 開環重合

2 のアニオン部分 Y が次の **1** の電子不足部分（X）を攻撃して，開環重合させて中間体アニオン **3** となる．同様にして次々と重合して分子鎖を伸ばしていく．この結果，モノマーどうしの結合部分は － X － Y －というように，規則的な順番を保つことになる．

停止の過程は中間体アニオンのアニオン部分に，先ほどの開始剤 AB の分裂によって生じた A^- の片割れ B^+ が反応すればよい．

開環重合で重合する環状化合物の例を表に示した．

開環重合反応

$$A-B \longrightarrow A^- + B^+$$

A^- + (X–Y) → (A–X Y$^-$) → (A–X)(Y–X Y$^-$)

1　　　　**2**　　　　**3**

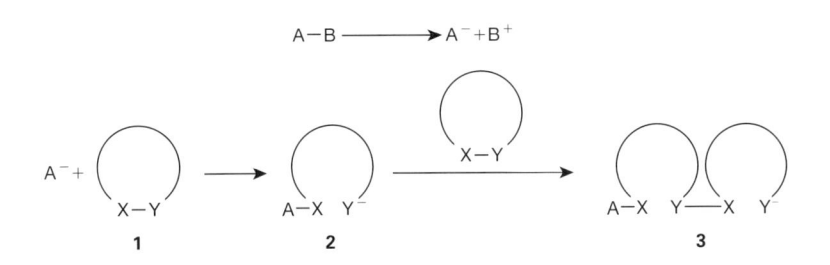

実例

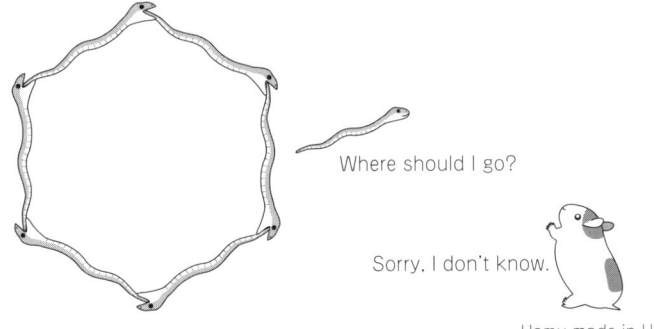

環状化合物	ヘテロ結合	ポリマー	
環状エーテル	C_n–O	ポリエーテル	$-(C_n-O)_n-$
環状イミン	C_n–NH	ポリイミン	$-(C_n-NH)_n-$
ラクトン	C_n–C(=O)–O	ポリエステル	$-(C_n-\overset{\underset{\|}{O}}{C}-O)_n-$
ラクタム	C_n–C(=O)–NH	ポリアミド	$-(C_n-\overset{\underset{\|}{O}}{C}-NH)_n-$

Where should I go?

Sorry, I don't know.

Hamu made in USA.

第8節 共重合

複数種のモノマーからできる高分子，コポリマーは，ただ 1 種のモノマーからできる高分子，ホモポリマーとは違った性質を持つ．このため，種々のコポリマーが開発されている．

1 共重合

複数種のモノマーの間で起こる重合を共重合という．共重合体を作る方法はいくつか開発されているが，ここでは次の 2 種を紹介しよう．

メチルビニルエーテル **1** や無水マレイン酸 **2** は単独では重合しにくい．しかし，両者の混合物は容易に重合し，共重合体 **3** を与える．このとき，**1** と **2** が交互に連なる交互共重合体となり，したがって，コポリマーに占める **1** と **2** の分子数の割合は同一となる．

もうひとつは完成されたポリマー **4** を用いるものである．あるモノマー（○）からできたポリマーを，超音波照射など適当な手段によって切断すると，反応活性点（＊）を残した中間体 **5** ができる．ここに別のモノマー（●）を加えると，活性点から別のポリマーが伸びてコポリマーになるというものである．

2 コポリマーの例

コポリマーとして実用に共されている例を図に示した．

A　この例のゴム（rubber）は特にスチレン（stylene）とブタジエン（butadiene）からできているので SBR ゴムと呼ばれる．タイヤやベルト用として最も大量に合成されている．

B　塩化ビニルとアクリル酸の共重合体は，衝撃に強いプラスチックを与える．

C　エチレンと一酸化炭素の共重合体は，一酸化炭素がカルボニル基として高分子の中に取り込まれる．このものは光によって分解されるので，環境に優しい高分子ということになる．

D　高分子は医療用に種々のバイオミメテック（生体模倣材料）として活用されているが，コンタクトレンズや人工水晶体もそのようなものである．コンタクトレンズには図に示した 3 種のモノマーを用いたコポリマーがよい成績を示している．

共重合

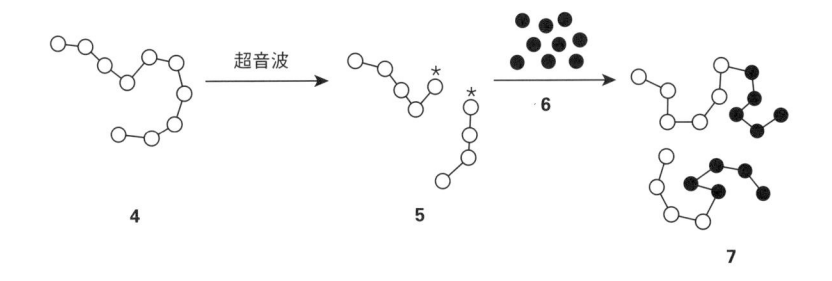

$n\ CH_2=CH\ +\ n\ HC=CH\ \longrightarrow\ {\sf -(CH_2-CH-CH-CH-)}_n$
　　　|　　　　|　　|　　　　　　　　　|　　　|　　|
　　　O　　　C=O　C=O　　　　　　　O　　C=O　C=O
　　　|　　　　_ O _/　　　　　　　　　|　　　_ O _/
　　　CH₃　　　　　　　　　　　　　　　CH₃

1　　　　　**2**　　　　　　　　　　　　　**3**

4 → 超音波 → **5** → **6** → **7**

コポリマーの例

A 合成ゴム	$CH_2=CH(C_6H_5)$ / $CH_2=CH-CH=CH_2$
B 耐衝撃性プラスチック	$CH_2=CH-Cl$ / $CH_2=CH-CO_2H$
C 光分解性高分子	$CH_2=CH_2$ / $-C(=O)[CH_2-CH_2]_m C(=O)-]_n$
D コンタクトレンズ	$CH_2=C(CH_3)-CO_2CH_3$ / $CH_2=C(CH_3)-CO_2CH_2CH_2OH$ / $CH_2=CH-N(\text{ピロリドン})$

8章 逐次反応

　高分子合成において，前章で見た連鎖反応と並んでたいせつな反応が逐次反応である．

　連鎖反応で生成した高分子の構造にはひとつの大きな特徴があった．それは，モノマーを結合する部位が少数の例外（開環重合など）を除いて，すべて C－C 結合であったということである．これは，連鎖重合でできた高分子は，長い炭素鎖でできた炭化水素誘導体であるということを意味する．

　わたしたちの身の回りには，多くの種類の生体高分子が存在する．生体高分子はデンプンにしろ，タンパク質にしろ，モノマーを連結する結合は C－C 結合ではない．それはエステル結合であったり，アミド結合であったりする．これらの結合は，結合自体に豊かな物性が込められている．

　このような結合を生成する高分子化反応が逐次反応である．

第1節 逐次反応

　図に連続した反応を示した．A が B になる反応（k_1），B が C になる反応（k_2），等々はそれぞれまったく異なる反応であり，それぞれを素反応という．図に示したように，このような素反応がいくつか続けて起こるとき，この一連の反応全体を逐次反応という．

　逐次反応を用いて高分子を合成するときには，主に二つの反応が基本となる．重付加反応と重縮合反応である．

　重付加反応は二つの分子 A と B の間で付加反応が進行して AB ができ（k_1），次に AB に A が反応して ABA ができ（k_2）と，次々に別の反応が進行していく．

　一方，重縮合反応は縮合反応が連続する反応である．縮合反応というのは C と D という 2 分子の間から適当な小分子が脱離することによって C, D の本体部分が結合する反応である．アルコール（C）とカルボン酸（D）から水（小分子）が脱離してエステル（C, D の本体部分が結合したもの）ができる反応のようなものである．この反応が繰り返して CDCD という高分子ができる反応である．

逐次反応

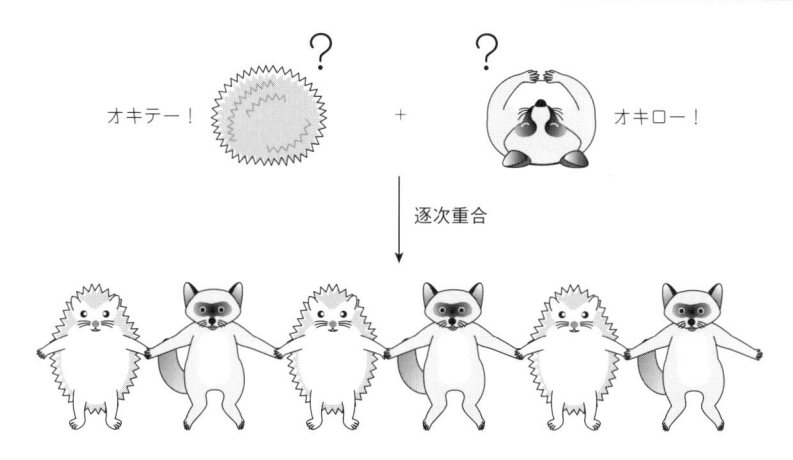

オキテー！ + オキロー！

↓ 逐次重合

ハリネズミとタヌキの逐次重合ポリマー
製法：思いつき　性質：複雑怪奇　用途：無し（たぶん）

逐次反応のメカニズム

$$A \xrightarrow{k_1} B \xrightarrow{k_2} C \xrightarrow{k_3} D \xrightarrow{k_4}$$

逐次反応
- 重付加反応

  $\rangle\!A\!\langle$ + $\langle\!B\!\rangle$ $\xrightarrow{k_1}$ $\rangle\!A\!\langle\!\langle\!B\!\rangle$

  $\rangle\!A\!\langle\!\langle\!B\!\rangle$ + $\rangle\!A\!\langle$ $\xrightarrow{k_2}$ $\rangle\!A\!\langle\!\langle\!B\!\rangle\!\rangle\!A\!\langle$

- 重縮合反応

  $X\!-\!C\!-\!X$ + $Y\!-\!D\!-\!Y$ $\xrightarrow[k_1]{-XY}$ $X\!-\!C\!-\!D\!-\!Y$ + $X\!-\!C\!-\!X$

  $\xrightarrow[k_2]{-XY}$ $X\!-\!C\!-\!D\!-\!C\!-\!X$ + $Y\!-\!D\!-\!Y$

第2節 重付加反応

重付加反応とは付加反応が重なって起こる,すなわち,付加反応が連続する高分子化反応のことをいう.

1 ウレタン

高分子の大事な一群にウレタンといわれるものがある.この反応を例にとって重付加反応を見てみよう.

イソシアナート置換基 $-N=C=O$ を持つ化合物を一般にイソシアナートという.イソシアナート 1 は反応性が高く,アルコール 2 と反応して付加体 3 を作る.これが一般にウレタンと呼ばれるものである.この反応が連続して起こるように,イソシアナート,アルコール,両モノマーの分子構造を設計すればよい.

2 ポリウレタン

ジイソシアナート 4 は分子内に 2 個のイソシアナート置換基を持ち,ジオール 5 は 2 個の水酸基を持つ.

4 と 5 を反応するとウレタン誘導体 6 ができる.6 は分子内にイソシアナート基と水酸基を持つから再度 4,5 と反応することができる.6 が右側の置換基水酸基を使って 4 と反応すると 7 になる.7 は右側にイソシアナート基を持つから 5 と反応する,という手順で反応が進むと,最終的にポリウレタン 8 となる.

このように重付加反応では,付加反応が連続して進行しているのである.

> **column 発泡樹脂**
>
> ウレタン樹脂を発泡したものが,発泡ウレタンラバーあるいはウレタンフォームの名の下に,イスや寝具などのクッションに用いられる.樹脂の量を加減して好みの硬さのクッションにすることができ,また耐久性もよいので便利である.樹脂を発泡させたものとしては発泡スチロール(発泡ポリスチレン)も便利である.少ない樹脂量で大きな体積とすることができ,また断熱性もでてくる.スーパーなどの刺身皿やクーラーの断熱材として欠かせないものになっている.

ウレタン

○-N=C=O + H-O-□ → ○-NH-C(=O)-O-□

イソシアナート　　　アルコール　　　　ウレタン
　　1　　　　　　　　**2**　　　　　　　**3**

ポリウレタン

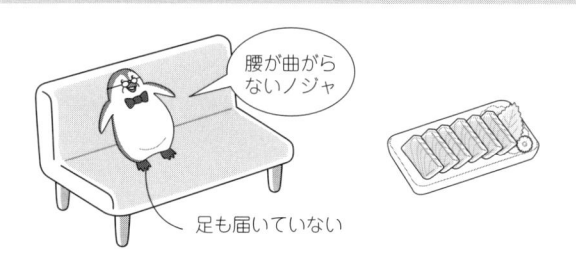

O=C=N-○-N=C=O　　+　　H-O-□-O-H

ジイソシアナート　　　　　ジオール
　　4　　　　　　　　　**5**

A+B=C となるのが付加反応デス

⟶ O=C=N-○-NH-C(=O)-O-□-O-H　　+　　O=C=N-○-N=C=O

　　　　　　　6　　　　　　　　　　　　　　　**4**

⟶ O=C=N-○-NH-C(=O)-O-□-O-C(=O)-NH-○-N=C=O　　+　　H-O-□-O-H

　　　　　　　　　　　　7　　　　　　　　　　　　　　　　　**5**

⟶ +(C(=O)-NH-○-NH-C(=O)-O-□-O)$_n$

ポリウレタン
8

腰が曲がらないノジャ

足も届いていない

第2節◆重付加反応

第3節 重縮合反応—ポリエステル

　縮合反応とは，2 分子が小さな分子を脱離して結合する反応をいう．小さな分子が脱離した分だけ，分子が"短く縮む"ので縮合反応といわれる．重縮合反応はこのような縮合反応が連続して高分子を作る反応である．日用品や合成繊維として使われる高分子の一群にポリエステルといわれるものがある．ポリエステルを例に取って重縮合反応を見てみよう．

1 エステル

　カルボン酸 **1** とアルコール **2** が反応すると水とともにエステル **3** ができる．この反応はエステル化反応といわれるが，**1** と **2** が小分子（水）を脱離して結合したので縮合反応である．

2 ポリエステル

　テレフタル酸 **4** は分子内に 2 個のカルボキシル基（$-CO_2H$）を持ち，エチレングリコール **5** は 2 個の水酸基を持つ．**4** と **5** が反応すると水を脱離してエステル **6** となる．

　6 は分子内にカルボキシル基と水酸基を持つので，さらに **4**，**5** と反応することができる．前節で見たポリウレタンの生成機構と同じように反応が進行すれば，最終的にポリエステル **8** となる．なお，**8** はポリエチレンテレフタラートと呼ばれるものであり，商品名テトロンで一般的なものである．

---

column　ペットボトル

　ポリエステルは日用品として身の回りにたくさんある．ポリエチレンテレフタラート **8** は繊維にするとじょうぶな上に，しわになりにくい．そのため，テトロンの商品名で Y シャツやズボンに利用される．洗ってすぐ着られるという意味のウォッシュアンドウェアーは一世を風靡したキャッチフレーズである．

　一方，**8** はまた PET（ペット）の名前で，ペットボトルを始め，各種の容器として，今や生活になくてはならないものになっている．一時，水を入れて庭の周りに置くとネコやイヌが近づかないなどといわれたが，これはビンが反射する光をネコ君たちが嫌ったためだという．最近は慣れたようである．

エステル

カルボン酸 **1** + アルコール **2** → (−H$_2$O) → エステル **3**

ポリエステル

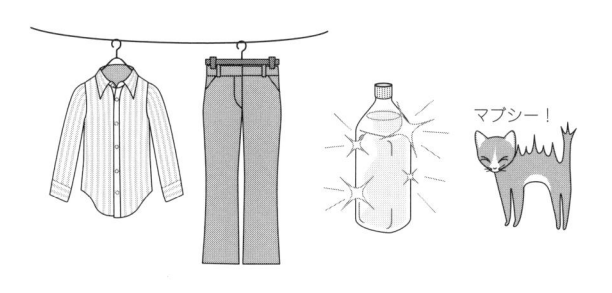

テレフタル酸 **4** + エチレングリコール **5**

> A+B=C+小分子 となるのが縮合反応デース

−H$_2$O → **6** + テレフタル酸 **4**

−H$_2$O → **7** + HOCH$_2$CH$_2$OH **5**

−H$_2$O → ポリエチレンテレフタラート **8**

> ポリエステルのカッターを着マシタニアウ？

マブシー！

第4節 重縮合反応―ナイロン

重縮合反応にはもう一つ,たいせつな反応がある.ポリアミド化反応である.

1 ナイロン

合成高分子のたいせつな一群に合成繊維がある.合成高分子が一般に知られるようになったのはナイロンのおかげといっても言いすぎではない.

「クモの糸より細く,鋼鉄より強い」.スーパーマンにも似たナイロンのキャッチフレーズは人々の心を魅了した.その実力は人々を歓喜させた.庶民女性がストッキングを履けるようになったのは,ひとえにナイロンのおかげである.

ナイロンはアミド結合によって重合した高分子である.

2 ポリアミド

アミド結合はエステル結合のアルコールをアミンに代えたものである.**カルボン酸 1 とアミン 2 の間で脱水縮合するとアミド 3 が生じる.このようなアミド基によって結合した高分子をポリアミドという.**

アジピン酸 4 とヘキサメチレンジアミン 5 が脱水縮合するとアミド誘導体 6 となる.6 は分子内にアミノ基とカルボキシル基があるから,さらに 1,2 と反応することができる.このようにしてできた高分子をナイロン 6・6 という.6・6 の意味は原料の 4,5 が 6 個の炭素原子を含むことによる.

ポリアミドは 1 分子内にアミノ基とカルボキシル基を持つ分子を用いても作ることができる.その例が分子 7 を用いるものである.このナイロンをナイロン 6 という.

---

column　ベックマン転位

ナイロン 6 の原料分子 7 の合成法は,よく,有機化学の反応機構の問題に出されるものである.ちょっと追いかけてみよう.原料はシクロヘキサノン 1 である.これとヒドロキシアミンを反応するとケトオキシム 2 となる.2 を酸で処理すると,一挙に七員環のカプロラクタム 6 となる.この反応はベックマン転位という名前で知られた反応である.6 を加水分解するとナイロン 6 の原料 7 となる.

ポリアミド

カルボン酸 **1** + アミン **2** → アミド **3** (−H₂O)

4 HO−CO−(CH₂)₄−CO−OH + **5** H−NH−(CH₂)₆−NH−H

→ **6** HO−CO−(CH₂)₄−CO−NH−(CH₂)₆−NH−H

→ ナイロン 6,6

7 HO−CO−(CH₂)₅−NH−H + **7** HO−CO−(CH₂)₅−NH−H

→ **8** HO−CO−(CH₂)₅−NH−CO−(CH₂)₅−NH−H

→ ナイロン 6

ストッキングをはいたハムスター
可愛い？
超ミニ
ハイヒール

シクロヘキサノン **1** + H₂N−OH → オキシム **2** →(H⁺) **3**(プロトン化オキシム)

→ **4**(環拡大カチオン + OH₂) → **5** → **6**(ε-カプロラクタム)

→(H₂O) **7** HO−CO−(CH₂)₅−NH₂

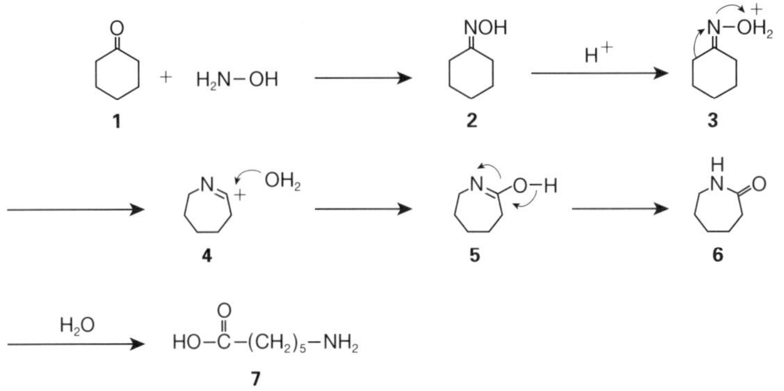

第5節 付加縮合重合

　本節で見る付加縮合重合は，第 2, 3 節で見た重付加反応，重縮合反応の応用編である．すなわち，付加反応と縮合反応を繰り返して高分子化する反応である．

1 付加縮合重合

　分子 **1** は 2 種類の置換基を持っている．置換基 X は縮合反応用の脱離基であり，矢印置換基は付加反応用である．分子 **2** も同様に，Y は脱離用，矢印は付加用である．

　1 と **2** が矢印置換基を使って付加反応すると付加体 **3** になる．**3** は分子内に付加用の置換基を持っていない．したがって **3** は置換基 X あるいは Y を使って縮合反応する以外ない．**3** が **1** との間で縮合反応を行うと **4** になる．**4** は縮合反応，付加反応どちらをも行うことができる．このようにして高分子鎖を伸ばしていくのが付加縮合反応である．

2 ノボラック

　実際の反応例を見てみよう．フェノール **5** とホルムアルデヒド **6** の間の反応である．**5** と **6** の間で付加反応が起きると付加体 **7** となる．**7** は脱離基として水酸基を持っているので，**5** との間で水を脱離して縮合反応を行うことができる．その結果生じたのが **8** である．**8** は分子内にフェノール部分を持っているので **6** との間で付加反応を行うことができる．

　という繰り返しで伸びていくのが付加縮合重合である．**ここでは 5 と 6 の特殊な反応性が大きく貢献している．すなわち，5 のオルト位は付加反応と縮合反応の両方を行うことができる．また，6 は付加反応の結果，縮合反応用の脱離基 -OH を形成するということである．**

> **column　プレポリマー**
>
> 　例にあげた高分子は，ノボラック樹脂またはレゾール樹脂と呼ばれる粘凋な液体であり，プレポリマーとして使われる．プレ（前）ポリマーとは実用に供されるポリマーの前駆体ということであり，ポリマーの原料のことである．

付加縮合重合

1 X—□—⟨ + ⟨—○—Y 2 →(付加)→ 3 X—□—⟪—○—Y + 1 X—□—⟨

→(−XY, 縮合)→ 4 X—□—⟪—○—□—⟨ + 2 ⟨—○—Y

ノボラック

5 フェノール + 6 ホルムアルデヒド (H–C=O) →(付加)→ 7 (o-HOC$_6$H$_4$–CH$_2$–OH) + 5

→(−H$_2$O, 縮合)→ 8 (HOC$_6$H$_4$–CH$_2$–C$_6$H$_4$OH) + 6

→ 9 ノボラック $[–C_6H_3(OH)–CH_2–C_6H_3(OH)–]_n$

ホルムアルデヒドは毒性デース 注意シテーッ！

ホルマリン（防腐剤）
（ホルムアルデヒドの〜40％水溶液）

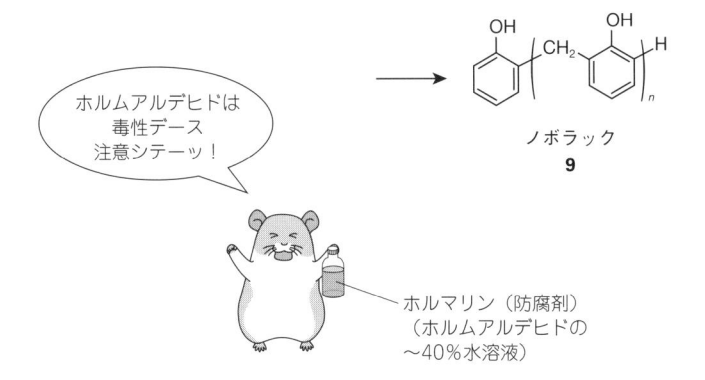

第6節 窒素系の付加縮合重合

付加縮合重合は酸素原子が関与するものであった．一方，アミノ基を含む尿素（ウレア）やメラミンの付加縮合重合からはウレア樹脂やメラミン樹脂などが生成する．ここでは，窒素原子が関与する付加縮合重合を見ておこう．

1 付加縮合重合

尿素 **1** は分子内に 2 個のアミノ基 $-NH_2$ を持っている．**1** はアミノ基を使ってホルムアルデヒド **2** と付加反応して付加体 **3** を与える．**3** はホルムアルデヒドから由来する水酸基を持っている．この水酸基と **1** のアミノ基の間で脱水縮合すると縮合体 **4** となる．

4 は **1** と同様，分子内に 2 個のアミノ基を持っているので，**2** と付加反応することができる．このように付加反応と縮合反応が繰り返して高分子となっていく．

2 3次元網目化

付加縮合反応の大きな特徴は，反応途中で生成する中間体に，反応点が複数個存在することである．中間体 **4** に存在する反応点を○で囲ってみた．5 箇所に存在することがわかる．

分子の両端の反応点のみを使って高分子化すれば，直線状の高分子が生成する．しかし，分子中央部の反応点が反応しないという理由はない．中央部反応点が反応すると中間体 **5** となる．**5** が新たにできた水酸基を使って縮合反応すると，生成する高分子は枝分かれ構造になる．**このような反応が繰り返される結果，3 次元に網目状の構造を持った高分子が生成することになる．**

---

column　推定ポリマー

宮崎駿監督のアニメ，「天空の城ラピュタ」は主人公の少年と少女のロマンあふれる活劇である．時代は 19 世紀末か 20 世紀初頭であろう．この話に，城を守るロボット兵が出てくる．ところがこのロボットは "金属でもなく，土でもないのに金属のように硬い" という．きっと高分子製なのであろう．天空の城の技術水準をうかがわせる一節である．

付加縮合重合

$H_2N-\underset{\underset{O}{\|}}{C}-\overset{..}{N}H_2$ + $\underset{H}{\overset{H}{}}C=O$ →(付加) $H_2N-\underset{\underset{O}{\|}}{C}-\underset{H}{N}-CH_2-OH$

尿素 **1**　　ホルムアルデヒド **2**　　　　　　　　　　**3**

$H_2N-\underset{\underset{O}{\|}}{C}-\underset{H}{N}-CH_2-OH$ + $H-\overset{..}{N}-\underset{\underset{O}{\|}}{C}-NH_2$
　　　　3　　　　　　　　　　**1**

→(−H₂O 縮合) $H_2N-\underset{\underset{O}{\|}}{C}-\underset{H}{N}-CH_2-\underset{H}{N}-\underset{\underset{O}{\|}}{C}-\overset{..}{N}H_2$ + $\underset{H}{\overset{H}{}}C=O$ →(付加)

　　　　　　　　　　　　　　4　　　　　　　　　　　　　　　　**2**

3次元網目化

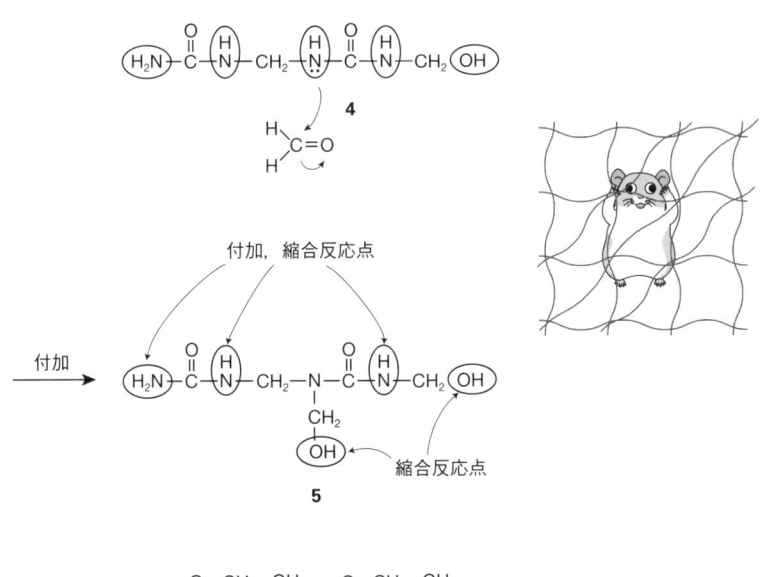

$H_2N-\underset{\underset{O}{\|}}{C}-\underset{(H)}{N}-CH_2-\underset{(..)}{N}-\underset{\underset{O}{\|}}{C}-\underset{(H)}{N}-CH_2-(OH)$
　　　　　　　　　　　4

$\underset{H}{\overset{H}{}}C=O$

付加, 縮合反応点

→(付加) $H_2N-\underset{\underset{O}{\|}}{C}-\underset{(H)}{N}-CH_2-\underset{\underset{CH_2}{|}}{N}-\underset{\underset{O}{\|}}{C}-\underset{(H)}{N}-CH_2-(OH)$
　　　　　　　　　　　　　　　　　　　　OH
　　　　　　　　　　　　　5　←縮合反応点

→ $H_2N-\underset{\underset{O}{\|}}{C}-\underset{\underset{CH_2-OH}{|}}{N}-CH_2-\underset{\underset{CH_2-OH}{|}}{N}-\underset{\underset{O}{\|}}{C}-\underset{\underset{CH_2-OH}{|}}{N}-CH_2-OH$ → ウレア樹脂

6

第7節 重合反応解析

高分子合成反応として，第7章で連鎖反応，本章で逐次反応を見てきた．ここで，両者を簡単に比較しておこう．

1 連鎖反応と逐次反応

連鎖反応と逐次反応を，反応系で起こる反応の個数で見てみよう．

連鎖反応は開始剤 S によって反応が開始された．したがって，系内で起こる反応の個数は開始剤 S の個数に等しい．また，何個のモノマーが結合するかという重合度は系内のモノマーの個数を S の個数で割ったものになる．

逐次反応では，すべてのモノマーが反応の開始剤である．したがって反応の個数は極端に言えばモノマーの個数の半分になる．また，生長段階の中間体どうしが反応して，長い中間体になることもある．時間が経てば，このような中間体どうしの反応が増えていく．

2 分子数

上で見た解析の結果，次のことがわかる．

連鎖反応では反応が進行すれば，モノマーは消費されるのでモノマーの分子数は減少する．しかし，ポリマーの数は開始剤の濃度に等しく，一定である．

これに対して**逐次反応では，反応が開始された途端にモノマーは消失する．ポリマーの個数は，最初はモノマーの個数の半分であるが，やがて生長中間体が結合するので，徐々に少なくなる．**極端に考えれば最後は1個になる．

3 ポリマー分子量

反応が進行すればポリマー鎖は生長するから，ポリマーの分子量は増加する（ポリマーは長くなる）．

連鎖反応では，反応はほぼ同じ速度で進行し続けるから，ポリマーの分子量は一定の速度で増加を続ける．

しかし，逐次反応では反応が進行すると中間体どうしの結合になる．このため最初は1分子ずつ増えたのが，ある段階では10分子ずつ，さらには100分子ずつと，加速度的に増えていくことになる．

連鎖反応と逐次反応

連鎖反応

Sの数 { S・ S−A・ → S・A・A・ → S・A・A・A・
S・ S−A・ → 〃
S・ S−A・ → 〃 }

逐次反応

AまたはBの数 { A A−B → A−B−A−
B B−A → B−A−B− } 中間体の生長

→ { A−B−A ＋ B−A−B → A−B−A−B−A−B
B−A−B ＋ A−B−A → B−A−B−A−B−A } 中間体の反応

分子数

連鎖反応

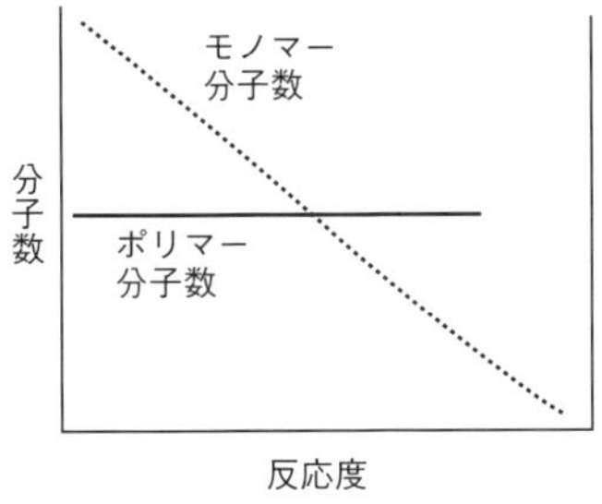

逐次反応

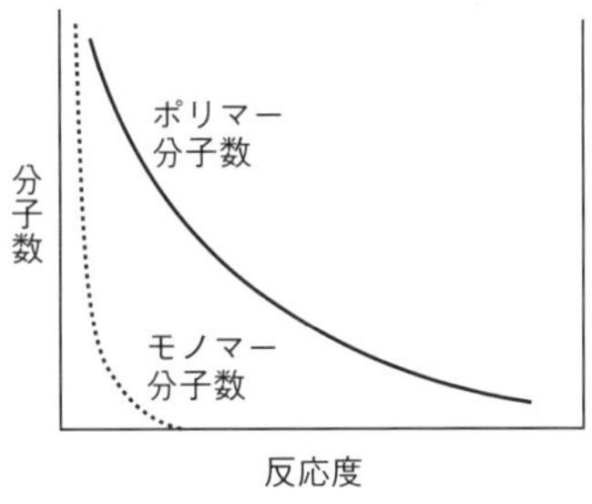

ポリマー分子量

連鎖反応

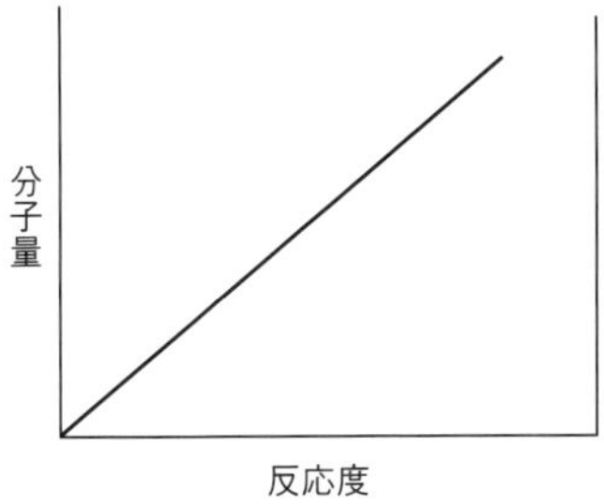

逐次反応

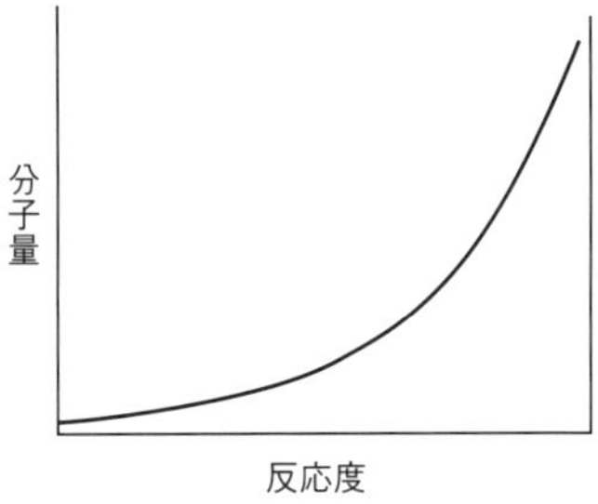

column　プラスチックの成形

　わたしたちの周りには，いろいろの種類のプラスチック製品がある．これらはいったいどのようにして形作られるのだろうか．プラスチック製品を作るには，粒状の原料プラスチック（ペレット）を加熱して融かした液体状のプラスチックを用いる．

1 射出成形

　成形法の一つに射出成形という方法がある．これは図に示したように，液体状の原料プラスチックを容器に入れ，プランジャーで押し出して，金型に注入する．金型は，鋳物を成形する鋳型と同様に雄型と雌型の組み合わせでできており，その合わせ目に液体プラスチックが入る．冷却した後，金型を分解すれば成形されたプラスチック製品ができ上がる．

　プラスチック製品の成形では最も一般的な方法であり，お皿，バケツのような日用品から，複雑で精密な機械部品や，プラスチックモデルなどの小品まで多くの製品製造に利用されている．この方法の生命線は金型の製造であり，いかに精密な金型を作れるかにかかっている．日本は中小企業を中心に優れた技術を保有しているが，今，その技術が海外に流出することが問題となっている．

2 吹き込み成形

　吹き込み成形は，ブロー成形ともいわれ，風船の原理である．この方法は，原料として液体のプラスチックを用いるのではなく，加熱して軟らかくなったプラスチックのチューブを用いる．

　このチューブを金型の中に入れ，チューブに空気を吹き込んで，風船を膨らませるように膨らませるのである．その結果，チューブは金型に沿って膨らみ，製品ができる．この方法は，各種洗剤のビン，石油を入れるポリタンクなど，入り口が小さく，内容積の大きい容器の製造に向いている．しかし，製品の肉厚は均質ではなく，厳密な成形や規格に合った製品を作るには向いていない．

　インフレーション成形は，ブロー成形の一種とみなせる方法であるが，金型を用いずにチューブを膨らませる．この方法によって，肉薄の袋を作ることができ，さらにそれを適当に切断することによって，薄いプラスチックフィルムとすることができる．

射出成形

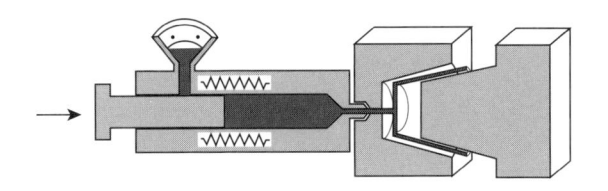

［中村次雄，佐藤功，初歩から学ぶプラスチック，工業調査会（1995）］

吹き込み成形

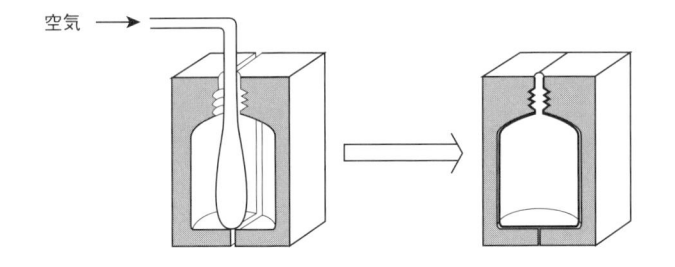

空気 →

［中村次雄，佐藤功，初歩から学ぶプラスチック，工業調査会（1995）］

ブローハムスター
（形がアマイ）

コラム◆プラスチックの成形

9章 高分子の反応

　高分子は化学物質である．したがって反応を行う．高分子の反応には2種類ある．一つは高分子に反応を行って，その性質を改変するものである．もう一つは高分子を用いて，ほかの分子の反応を行うものである．この場合，高分子は反応場を提供するものとして作用している．

第1節 ゴムの加硫

　天然ゴムは，ゴムの木に傷をつけ，その傷からしたたり落ちる樹液を集め，乾燥させたものである．しかし，それだけではわたしたちの知っているゴムにはならない．加硫という硫黄を加える操作が必要になる．

1 性質の改変

　ゴムの木の樹液を乾燥させた生ゴムは，弾性を持っている．伸ばせば6倍くらいの長さに伸び，手を離せば元の長さに戻る．しかし，伸ばしたまま長時間おくと戻らなくなる．また，40℃以上になると，元に戻らなくなる．

　ゴムの分子は，二重結合を持った長い直鎖状の高分子である．この高分子は互いに絡まって毛糸玉のようになっている．ゴムを手で伸ばすと毛糸玉がほぐれて長くなる．しかし，ほぐれた状態から元に戻る力は強くない．**長時間経つとほぐれた分子が互いに滑り，復元力を失って伸びっ放しになってしまう．**

　この状態を改変するのが加硫である．硫黄を加えると高分子の間に硫黄の橋かけ構造ができる．その結果，分子間に元の関係に戻ろうという復元力が生じる．これがゴム弾性の原因である．

2 加硫反応

　ゴム分子 **1** に加硫促進剤を加えると，ゴム分子の水素が1個外れ，ラジカル中間体 **2** が生じる．この状態に硫黄を加えると，硫黄がラジカル部位に反応して加硫ラジカル **3** が生じる．**3** は硫黄原子がラジカル状態になっているので反応性が高い．そのため，もう1分子の **1** と反応して，硫黄によって橋かけした **4** を生じるというものである．

高分子の反応

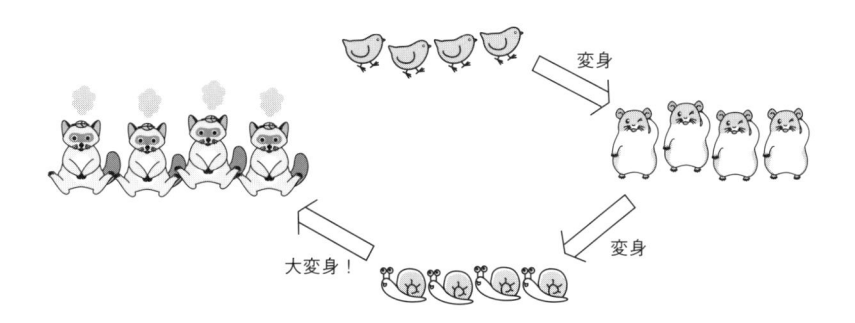

性質の改変

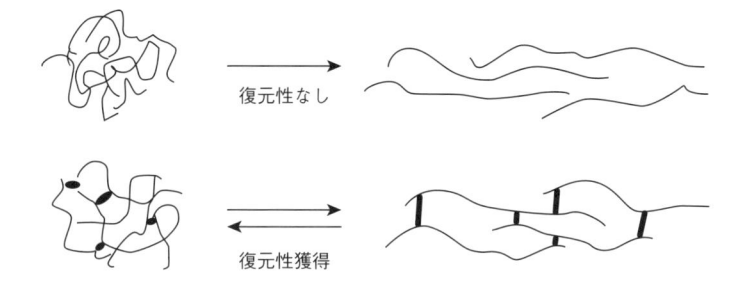

加硫反応

第1節◆ゴムの加硫

第2節 架橋反応

ゴムの加硫反応のように，高分子間に橋を架ける架橋反応は，高分子の性質を改変する上でたいせつな反応である．架橋反応には，いくつかの種類が開発されている．

1 光，放射線による架橋

光や放射線による架橋反応は，装置さえあれば最も手軽な架橋反応である．

光は電磁波であり，その振動数（ν）に比例し（$E = h\nu$），波長（λ）に反比例（$E = ch/\lambda$，c：光速）したエネルギーを持っている．二重結合にエネルギーの高い紫外線を照射すると，2個の二重結合が付加（環状付加）してシクロブタン環を作る．図の高分子 **1** は，このような反応によって架橋して **2** となる．

放射線にはいろいろある．α線は高速のヘリウム原子核，β線は電子の流れ，γ線は高エネルギー電磁波である．**高分子 3 に放射線が当たると水素がラジカル的に脱離し，ラジカル中間体 4 となる．この 4 が 3 を攻撃すると架橋高分子 5 となる．**

2 化学架橋

高分子以外の分子を用いて架橋する手段である．水酸基を持つ高分子 **6** に酸無水物 **7** を反応するとエステルによる架橋が生じて **8** となる．前節の加硫による架橋も化学架橋の一種である．

---

column　ウルシ

ゴムは優れた天然高分子であるが，ウルシも天然高分子である．ウルシは東洋特産の樹木であるが，ウルシの木に傷をつけると樹液が出る．これを精製したものがウルシである．ウルシの主成分，ウルシオールは水酸基を2個持つ2価フェノール誘導体である．

ウルシは強じんで美しい光沢を持つ天然塗料であり，中国，日本などでは高級家具用塗料として珍重されている．キンマ，蒔絵（まきえ），螺鈿（らでん），彫漆（ちょうしつ）など，優れた伝統工芸が生きている．

光，放射線架橋

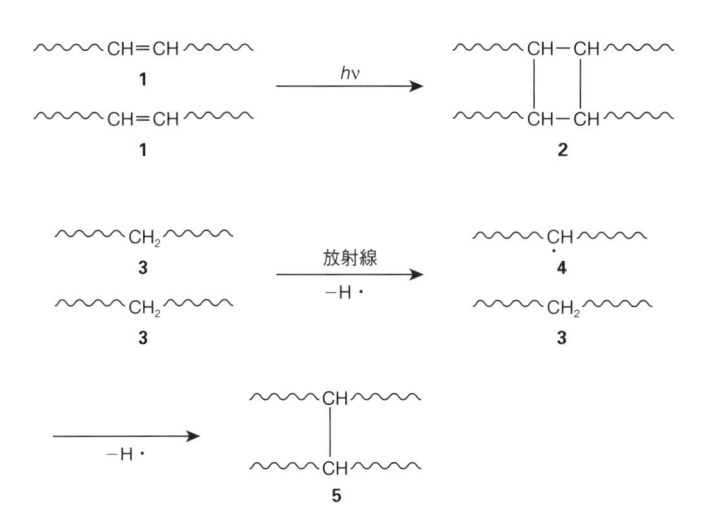

化学架橋

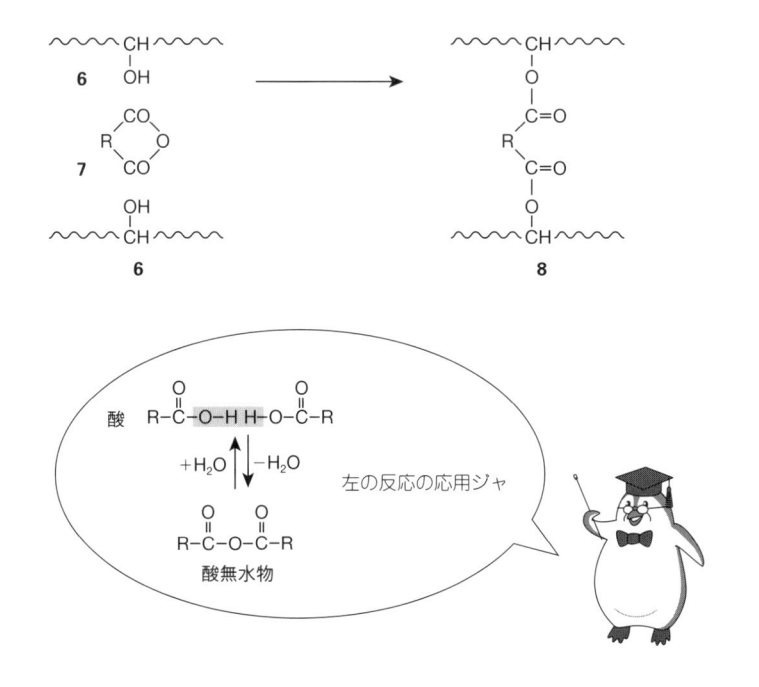

酸 R-C(=O)-O-H H-O-C(=O)-R

$+H_2O \rightleftarrows -H_2O$

R-C(=O)-O-C(=O)-R
酸無水物

左の反応の応用ジャ

第3節 高分子鎖の反応

高分子の分子鎖が反応して別のタイプの分子になる反応である．

1 脱離反応

高分子鎖から適当な小分子を脱離させ，分子鎖に二重結合を導入する反応である．分子鎖に塩素が入っている高分子 **1** では塩化水素 HCl を脱離して二重結合を導入することができる．同様の反応は，水酸基を持つ高分子 **3** でも進行し，水を脱離して二重結合を持つ高分子 **4** となる．

2 環化反応

適当な置換基を持つ高分子を反応させて，環状構造の連続した高分子にする反応である．

ポリアクリロニトリル **5** を加熱すると環化して **6** となる．**6** をさらに加熱すると脱水素して **7** となる．**7** は炭素繊維 **9** の重要な原料である．

高分子 **10** は複雑な構造をしているが，加熱すると脱水して **11** となる．**11** はポリイミドといわれる高分子であり，ガラス転移点が 500 度を超えるなど，耐熱性に優れた高分子である．

---

column　釣りざお

初春の渓流釣り，夏のアユ釣り，秋のハゼ釣り，冬の寒ブナ釣りと，釣り好きには 1 年中が釣りのシーズンである．釣りに欠かせないのがさおとテグスと針である．針は金属だが，さおとテグスは高分子の独り舞台である．高級美術品の竹ざおは別格として，実用的な釣りざおはグラスファイバーかカーボンファイバーである．グラスファイバーはガラス繊維にポリエステルを浸潤した複合材料であり，カーボンファイバーは炭素繊維にポリエステルなどを浸潤したものである．

一度カーボンファイバーを使うと，それ以外のさおには手が伸びない．軽く，弾力があり，はるかテグスの先に戯れるお魚君の動きがびんびんと手元に伝わる．釣れなくとも，お魚君と遊んでいる気にさせてくれる優れものである．気をつけなければならないのは電気伝導性である．裸の高圧線に触れたらイチコロだし，雷が来たら避雷針になる．雷を避けるのではない．呼ぶのである．

脱離反応

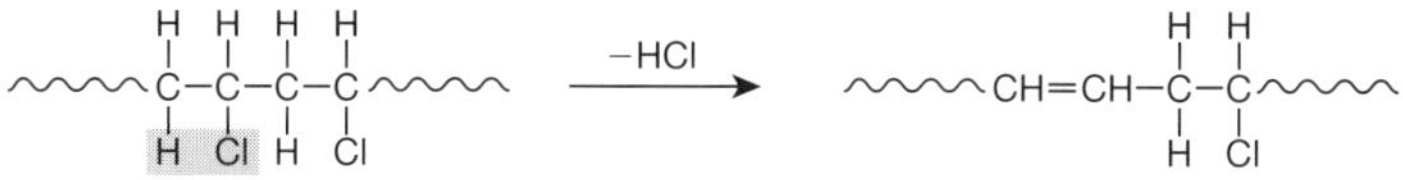

1 → (−HCl) → 2

3 → (−H₂O) → 4

環化反応

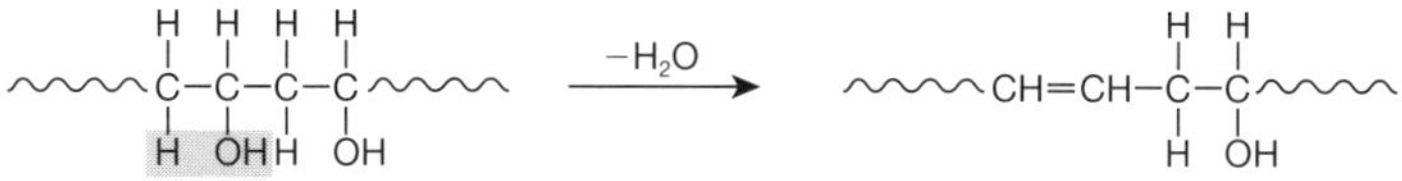

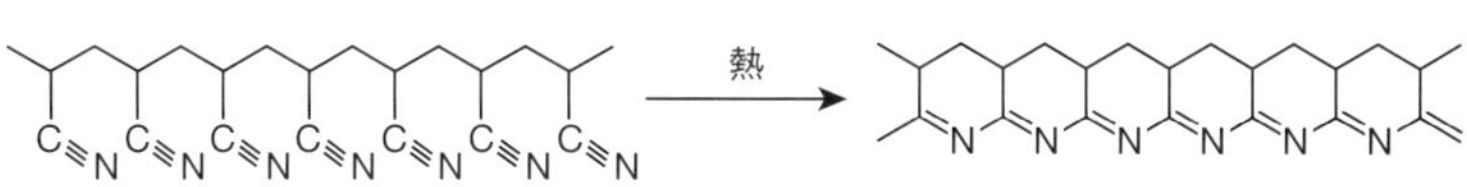

ポリアクリロニトリル
5

熱 → **6**

熱 → ポリキニザリン **7** → 熱 400〜700℃ → **8**

熱 2900℃ → **9** 炭素繊維

10

熱 → **11**

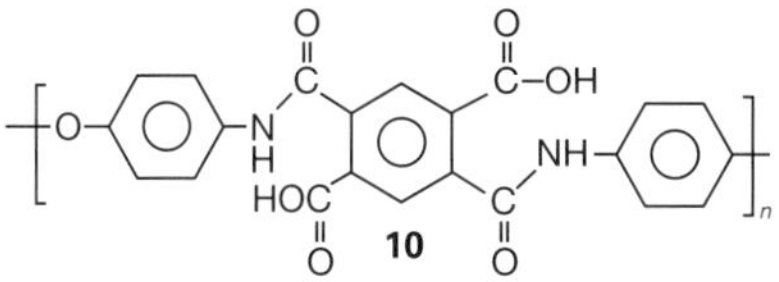

> ハサミで切れない
> じょうぶなセンイで
> 防弾チョッキになりマース
> ボクも歯が立チマセン
>
> イヤー
> マイッタ

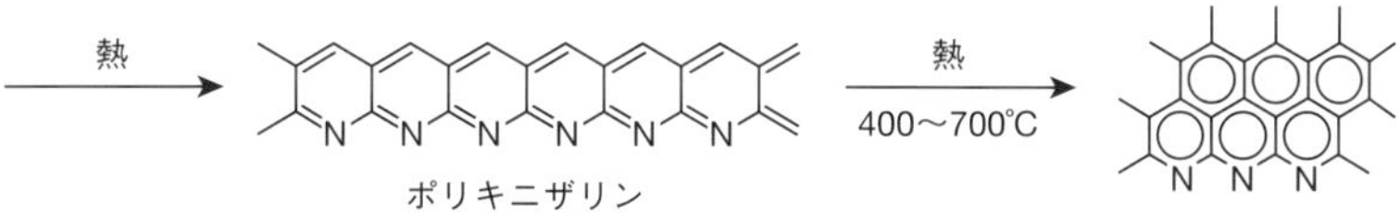

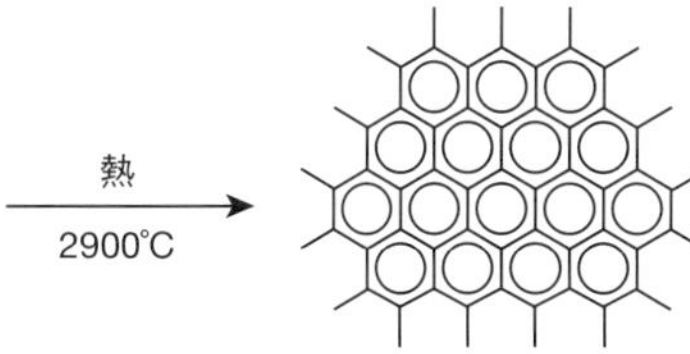

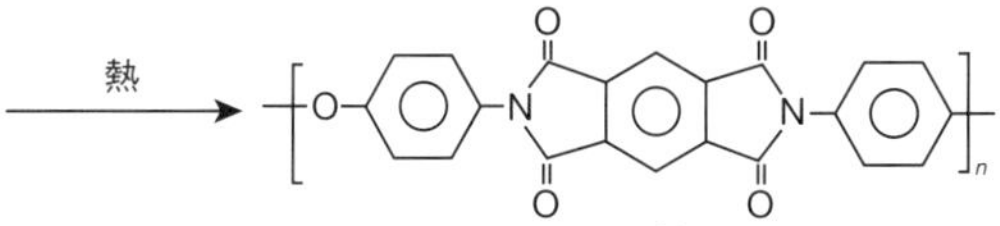

第4節 グラフト重合・ブロック重合

複数種のモノマーからなるコポリマーのうち,グラフトポリマーとブロックポリマーはポリマーの反応によって作られる.

1 グラフト重合

高分子鎖の途中に,別の高分子鎖が枝分かれした鎖のように接合した高分子をグラフト(接ぎ木)ポリマーという.

高分子 **1** のように塩素を含んだものに有機アルミニウム化合物(Et_2AlCl)を作用すると塩化物イオン(Cl^-)が外れて高分子に陽イオンが生じる.ここが中心になってプロピレン **3** をイオン重合すれば枝分かれした高分子 **4** ができる.

高分子 **5** は水酸基を持つが,セリウムイオンを作用させるとラジカル **7** となる.これがエチレン誘導体 **8** をラジカル重合すると枝分かれ高分子 **9** が生成する.

2 ブロック重合

直鎖状の高分子のある部分は A というモノマーででき,ある部分は B というモノマーでできているとき,このポリマーをブロック(固まり)ポリマーという.ブロックポリマーの作りかた,2種類を見てみよう.

A 2種の高分子を連結させるもの

高分子 A は両端が水酸基,B は両端がイソシアナート基である.両者を反応させると第8章第2節で見たウレタン生成反応が起き,ブロックポリマー **12** となる.

B 高分子の端に,別なモノマーを連結させていくもの

塩化ビニルの高分子 **13** にジエチル塩化アルミニウムを作用させると,塩化物イオンが外れ,ポリマーカチオン **14** が生成する.このカチオン部分が反応点になってプロピレン **15** をカチオン重合すれば,ポリ塩化ビニル部分(A)にポリプロピレン部分(B)が接合したブロックコポリマー **16** となる.

グラフト重合

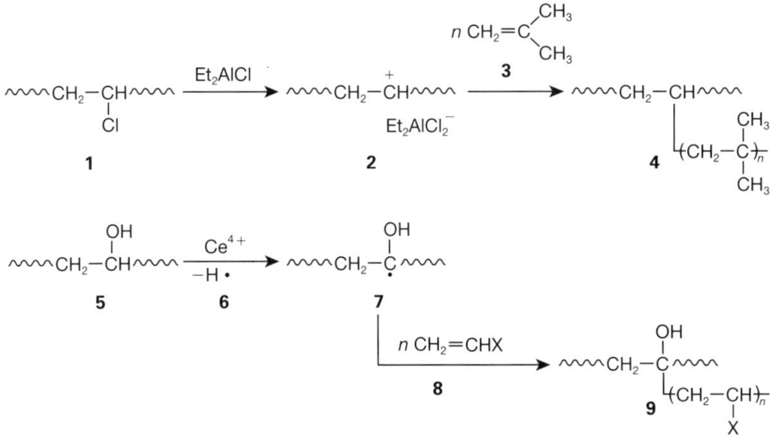

<chemical reaction scheme>

1: ~CH₂-CH(Cl)~
→ (Et₂AlCl) → 2: ~CH₂-CH⁺~ Et₂AlCl₂⁻
+ 3: n CH₂=C(CH₃)CH₃
→ 4: ~CH₂-CH~ (CH₂-C(CH₃)₂)ₙ

5: ~CH₂-CH(OH)~
→ (Ce⁴⁺, 6: -H•) → 7: ~CH₂-C•(OH)~
+ 8: n CH₂=CHX
→ 9: ~CH₂-C(OH)~ (CH₂-CH(X))ₙ

ブロック重合

A

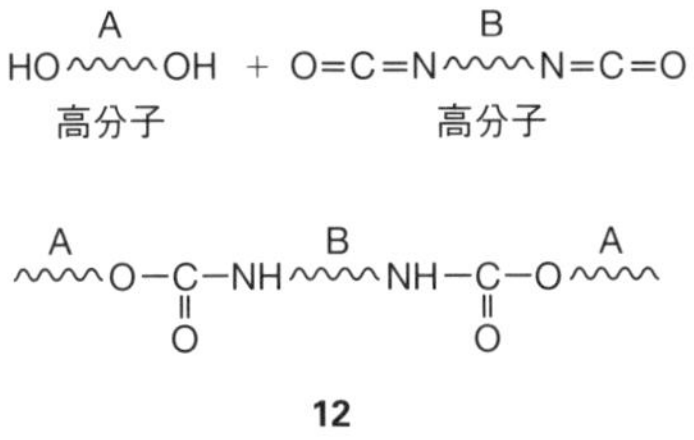

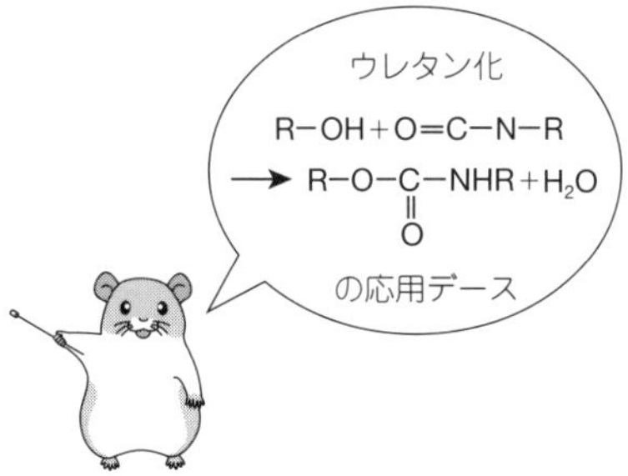

HO~A~OH + O=C=N~B~N=C=O
高分子   高分子

→ 12: ~A~O-C(=O)-NH~B~NH-C(=O)-O~A~

ウレタン化
R-OH + O=C=N-R
→ R-O-C(=O)-NHR + H₂O
の応用デース

B

13: +(CH₂-CH(Cl))ₙ-CH₂-CH(Cl)+
→ (+Et₂AlCl, -Et₂AlCl₂⁻)
→ 14: +(CH₂-CH(Cl))ₙ-CH₂-CH⁺+

+ 15: CH₂=CH(CH₃)
→ 16: +(CH₂-CH(Cl))ₙ-CH₂-CH-+(CH₂-CH(CH₃))ₙ
       └─── A ───┘   └─── B ───┘

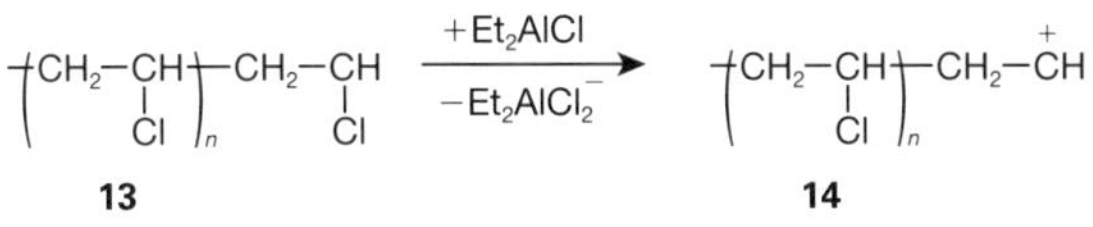

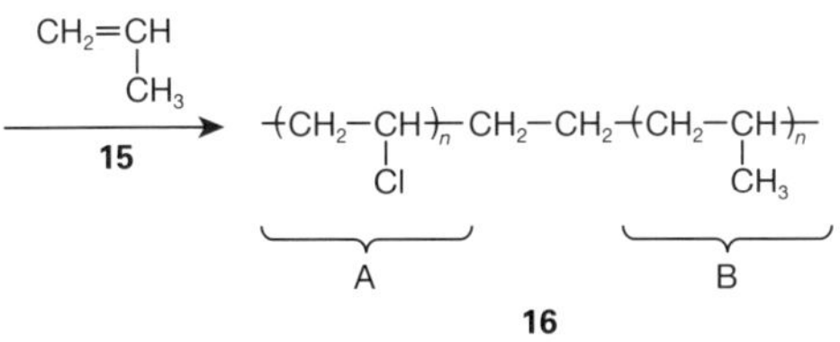

第5節 マトリックス重合

マトリックス（Matrix）とは母体という意味である．マトリックス重合とは高分子が母体となって，ほかの高分子を合成する手法のことをいう．

1 鋳型重合

高分子がモノマーを重合しやすいように配列させるものである．

分子 **1** は高分子である．この高分子を構成するモノマーの C＝O 結合部分はエチレン誘導体 **2** の水酸基部分と水素結合を形成する．そのため，高分子 **1** に寄り添う形で分子 **2** が一定の方向を向いて配列する．この状態でラジカル開始剤を加えると **2** がラジカル重合し，高分子 **3** が効率的に与えられる．DNA の複製も鋳型重合の発展形と考えられる．

2 モノマー提供型

高分子が，自身の一部をモノマーとして提供する形式である．

高分子 **4** にラジカル開始剤を作用させると高分子 **5** と **6** が生じる反応である．わかりにくいかもしれないので，素反応を下に示した．分子 **7** は高分子 **4** の側鎖である．**7** にラジカル開始剤が作用すると付加体ラジカル **8** が生じる．**8** は環構造を開いて **9** となり，続いてベンゾフェノン **10** とラジカル **11** に分解する．このようにして生じた多数の **11** が，互いの不対電子を使って結合すると新しい高分子 **6** となる．

---

column　鋳型

プラスチック成形の一法，射出成形では鋳型（いがた）を用いた．鋳型は，もともとつり鐘や鉄瓶を作るときに溶かした金属を流し込むための容器をいう．この容器は高熱に耐えなければならないため，砂や粘土を用いる．

変わった技法で蝋型（ろう）鋳造というものがある．これは鋳物砂の固まりを，蜜蝋などの蝋で覆うのである．この蝋に加工して仏像などの原型を作る．その後，この蝋に鋳物砂をかぶせ，その後，全体を加熱するのである．すると蝋が溶けて，溶融金属の入るすき間が空くという技法である．伝統工芸で用いる技法で，非常に肌の美しい鋳物ができる．プラスチック加工にも応用できそうである．

鋳型重合

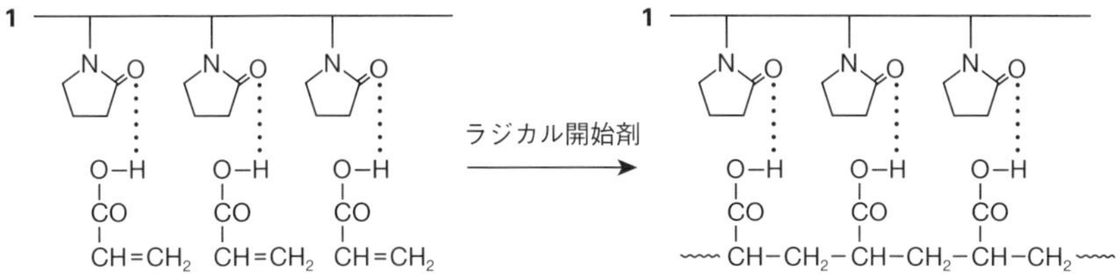

2 → (ラジカル開始剤) → **3**

モノマー提供型

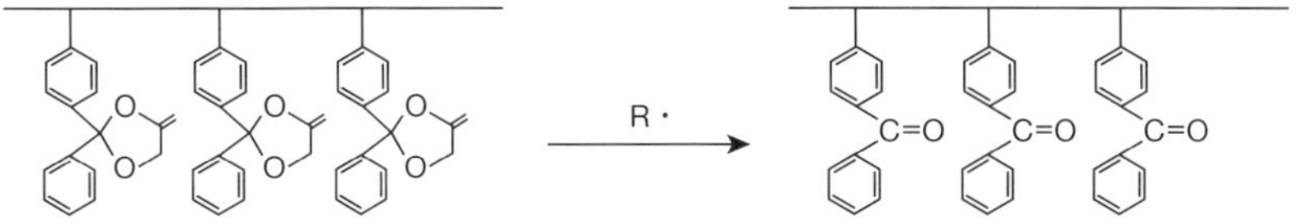

4 → (R·) → **5** 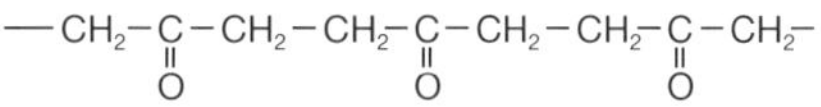 + **6**

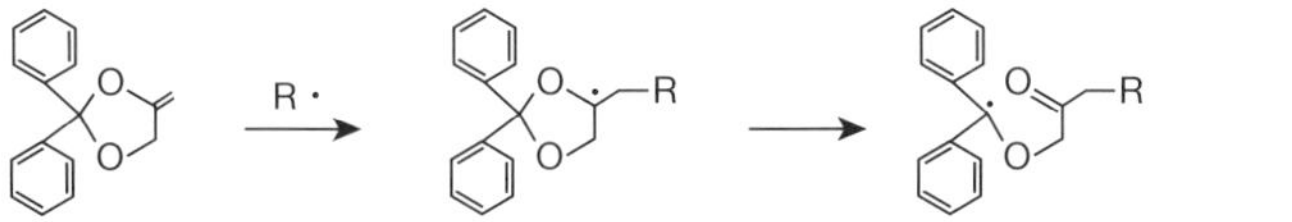

7 → (R·) → **8** → **9** 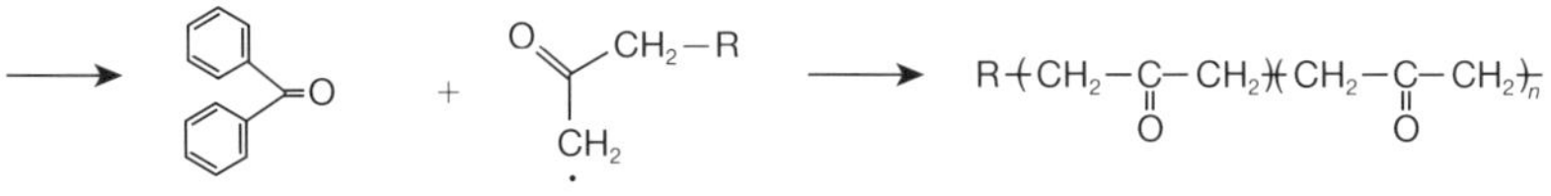 → **10** + **11** → **6**

タマには
熱いお茶もよいノー
ハムヨアリガトウ

ウルワシイ師弟愛

テツビン

イヤー
ドウ
イタシマシテ

第5節◆マトリックス重合

第6節 メリフィールド合成

　反応が行われる反応場として高分子を利用する技術がある．この場合，高分子は，その反応が進行しやすいように"いろいろとめんどうを見るが"，反応が終われば，元の高分子に戻る．すなわち，高分子は一種の触媒として働いていることになる．

　メリフィールド合成は，このような反応の一種であり，アミノ酸を重縮合してポリペプチドを作るものである．

1 アミノ酸の修飾

　メリフィールド合成を行うためには，アミノ酸を変形しておく必要がある．すなわち，アミノ酸の活性部分が"よけいな反応をしないように"ブロックしておき，必要に応じてブロックを外すような置換基をつけておく必要がある．このような置換基を保護基という．分子 **4** の置換基 L がそれである．

　アミノ酸 **1** に **2** を作用すると，アミノ基部分を保護されたアミノ酸 **3** となる．簡単のため **3** を **4** で表すことにする．

2 ペプチド合成

　分子 **5** は高分子である．側鎖に塩素を持っている．これに **4** を作用させると，側鎖にアミノ酸が結合した高分子 **6** となる．**6** のアミノ酸部分の活性を取り戻すため，トリフルオロ酢酸を作用させて保護基 L を脱離すると **7** となる．**7** に別のアミノ酸 **8**（保護基 L つき）を作用させるとアミノ酸部分が結合して **9** となる．

　以上の操作を連続すると，多数のアミノ酸が結合したポリマー **10** となる．最後にフッ酸を作用してアミノ酸部分をポリマーから外すと，多数のアミノ酸が結合したポリペプチド **11** が生成する．そしてポリマー **5** は元の形で回収される．

　この合成法の利点は，反応が不溶性の高分子上で行われるため，反応によってできた不純物を洗浄で容易に除くことができる点にある． この方法によってインシュリン（アミノ酸 51 個）などの複雑なポリペプチドの合成が可能となった．この方法の発明者メリフィールドはノーベル賞（1984 年）を受賞した．

アミノ酸の修飾

ペプチド合成

ボクも保護基を付けチャッタ

ヒマワリ

ハム、それは不純物ジャ

第7節 ポリマーアロイ

何種類かのポリマーを混合して作ったポリマーの混合物を合金にたとえてポリマーアロイ（アロイ：合金）あるいはポリマーブレンドという．

1 ポリマーアロイ

おのおののポリマーにはそれぞれ優れた性質があるが，理想的な性質に比べれば欠けている性質もある．

例えば，ポリスチレンは硬くて美しいポリマーであるが，柔軟性に欠けるため，衝撃に弱く割れやすい欠点を持つ．一方，ポリブタジエンは柔らかく，弾力性に富むが，成形性に欠ける．ポリスチレンに数％のポリブタジエンを混ぜた混合ポリマーを作ると，ポリスチレンの強度にブタジエンの耐衝撃性をあわせた，たいへん優れた性質を持ったプラスチックができる．このプラスチックは，耐衝撃性ポリスチレン（HIPS）呼ばれ，テレビ，掃除機など，大型家電製品の外装材として用いられている．

2 ポリマーの混合

いろいろと性質の異なるポリマーを混ぜれば，新しい性質のポリマーアロイができるかというとそうでもない．ポリマーアロイ製作には問題点がある．

それは混合の問題である．一般にポリマーは混合しにくい．そのため，ポリマー分子 A と B を混合してポリマーアロイ AB を作ろうとした場合には，A の島と B の島に分かれることがあり，この島の境界が弱くなり，そこから破壊されることが起こる．

3 コンパティビライザー

混合するポリマー A と B の仲を取り持って，両者がよく混じるようにする役割をする物質をコンパティビライザー（コンパティブル：両立可能）という．

コンパティビライザーは混合を促進する物資なら何でもよく，ポリマーである必要はない．しかし，よく用いられ，かつ**よい成績を収めるのは，混合する両ポリマーのモノマーを合わせて作った共重合体**（コポリマーである）．

ポリマーアロイ

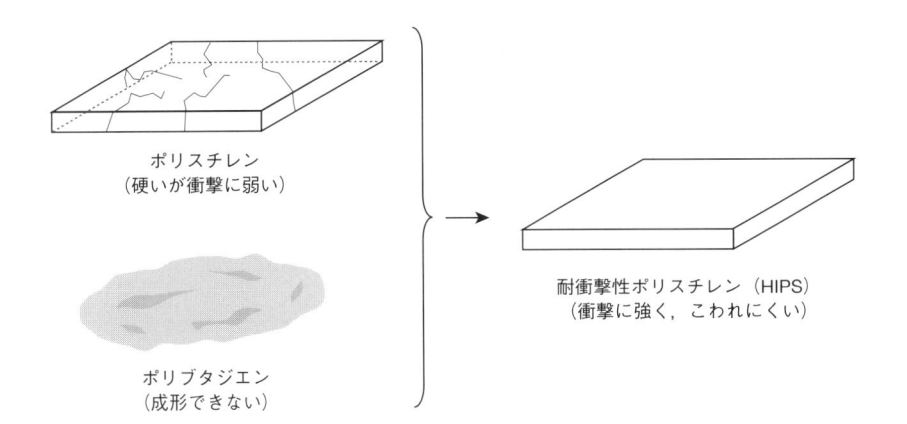

ポリスチレン
(硬いが衝撃に弱い)

ポリブタジエン
(成形できない)

→

耐衝撃性ポリスチレン (HIPS)
(衝撃に強く, こわれにくい)

コンパティビライザー

A

B

破断

コンパティビライザー

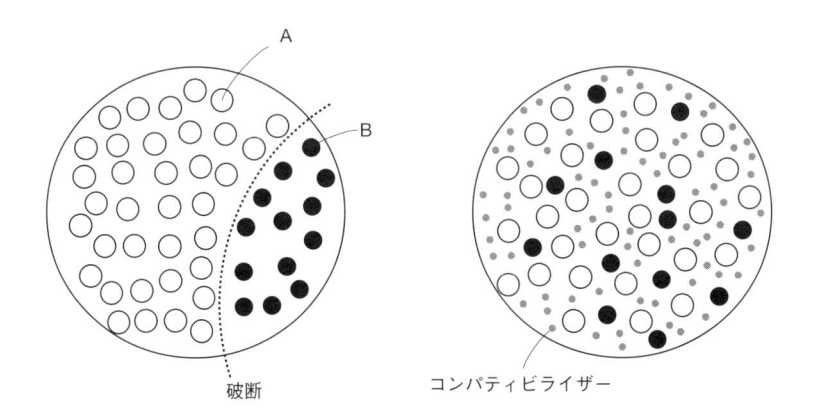

第8節 改質剤

ポリマーは，そのままの純粋な状態で用いられることもあるが，種々の添加剤を加えて用いられることもある．第7節で見たコンパティビライザーも添加剤の一種である．

1 可塑剤

高分子そのものは，ガラスのように硬いものが多い．しかし，わたしたちが手にするプラスチックは軟らかく，肌触りのよいものもある．これらは，高分子の性質を改変するため，可塑剤といわれるものが入っていることが多いからである．

可塑剤は各種のものが知られており，何種類もの可塑剤が同時に使われることもある．現在最も多く使われている可塑剤は図に示した DOP であり，多いものでは，高分子と同量も使われていることがある．また，DBP もよく使われる可塑剤である．

2 発泡剤

発泡ポリスチレン（発泡スチロール）に代表される発泡プラスチックは，各種容器，断熱剤，イスやベッドのクッションとして欠かせないものであるが，これは気体を添加剤としたポリマーである．工業的にはブタン（沸点 −0.5 度）をプラスチックに混ぜて原料ペレットを作り，加工時に金型の中で加熱してブタンを気化して発泡させている．

3 各種の改質剤

プラスチックに含まれる各種の改質剤を表にまとめた．

着色剤はプラスチックに色をつけるために欠かせないものである．光沢剤や，反対のつや消し剤などはプラスチックの外観を改良するものである．

導電剤は，プラスチックに導電性を持たせるためであり，また，電磁波のシールドにも使われる．帯電防止剤は，静電気の帯電を防止するためである．プラスチック磁石はプラスチックの中に細かい磁石の粉を練りこんだものである．

最近は，抗菌剤など衛生面からの添加剤も開発されてきている．

可塑剤

DOP（フタル酸ジ-2-エチルヘキシル）

DBP（フタル酸ジブチル）

半分が可塑剤のプラスチックは何と呼べばいいんじゃ？
汝は高分子か？
それとも可塑剤か？

メズラシク悩んでいるペンギン先生

発泡剤

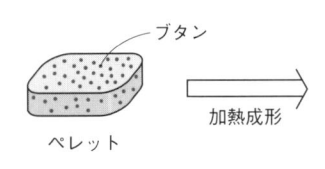

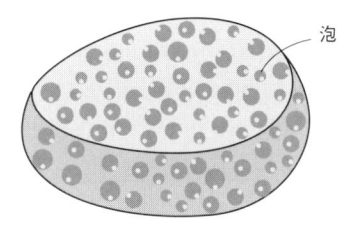

ペレット（ブタン） → 加熱成形 → 泡

改質剤

改質剤	目的	実用例
可塑剤	柔軟化	塩化ビニル，ポリエチレン
発泡剤	発泡	発泡スチロール，発泡ウレタン
導電剤	電磁波シールド	電波シールド剤
帯電防止剤	静電気の帯電防止	ドアノブ，衣類
着色剤	着色	各種プラスチック
光沢剤	つや出し	各種プラスチック
つや消し剤	つや消し	各種プラスチック
抗菌剤	細菌の繁殖防止	洗面用具，リモコン
防カビ剤	カビの繁殖防止	各種台所用品

column シックハウス症候群

　新築の家に住んだ人の間に，健康被害が出ることがある．皮膚障害，喘息のような症状，あるいは肝臓障害が出ることもある．シックハウス症候群と言われる．

　原因の一環は，ホルムアルデヒドであるという．ホルムアルデヒドは毒性が強く，その 35 ～ 38 ％ 水溶液はホルマリンとして，動物の標本保存に使われる．なぜ，新築の家に，ホルムアルデヒドのような危険な物質が存在するのか？

　それは，高分子のせいである．フェノール樹脂，尿素樹脂，メラミン樹脂などはホルムアルデヒドを原料として用いる．縮合反応したホルムアルデヒドは，高分子の一部になったのであり，ホルムアルデヒドとはまったく異なった分子になったのだから，毒性はない．しかし，どのような有機反応も，完全に 100 ％ 進行することはない．問題は，反応せずに残った微量のホルムアルデヒドである．このホルムアルデヒドが高分子からしみ出し，家の中に気体として漂うのである．

　尿素樹脂はプラスチックとしてだけでなく，接着剤としても多用される．ベニヤ板を代表とする集積材は，木材を張り合わせたものであり，その接着剤には尿素樹脂が多用される．今後は，ホルムアルデヒドのしみ出さない高分子とか，あるいはホルムアルデヒドを用いない高分子の開発が待たれるところである．

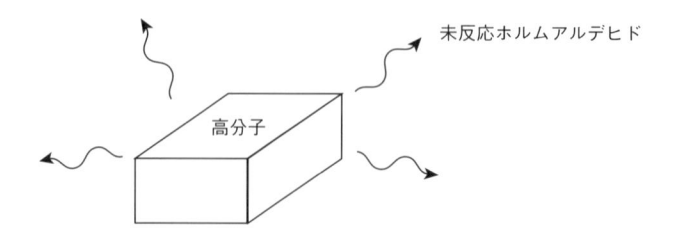

原料　＋　H₂C=O　⟶　高分子（＋ 未反応ホルムアルデヒド）

ホルムアルデヒド

第IV部 高分子の機能

10章 高分子材料

　わたしたちの生活は物質に囲まれている．体は衣服に包まれ，部屋には家具があふれ，街には家があふれ，自動車がひしめき，まったくあらゆる所，物質だらけである．
　この物質を作り上げているのが材料である．下着は綿で，セーターは羊毛で，畳はセルロースで，窓はガラスで，かわらは土で．では自動車は？
　自動車の骨格部分は鉄を主体とした金属である．しかし，それ以外の部分は？木や革は飾りのほんの一部にすぎない．残りの部分は，プラスチックである．合成高分子である．衣服だってどうだろう．下着はもちろん，シャツやスーツだって合成繊維が多い．
　このように，材料に占める合成高分子の割合は日ごとに高くなっている．しかも多くの場合，合成高分子は，木や革など天然高分子の代用品ではない．合成高分子でなければつとまらない独特の役割を担っている．現代の物質文化を支えているのは合成高分子といっても過言ではない．

第1節 高分子の種類

　表は合成高分子を分類したものである．性質の面からの分類と，用途の面からの分類とがごっちゃになった分類であるが，よく使われる分類である．
　まず，**性質によって三つに分ける．ゴムと熱可塑性樹脂と熱硬化性樹脂である**．ゴムに対して改めて説明することもないだろう．
　熱可塑性樹脂の性質は，加熱すると軟らかくなり，自由に成形できるが，冷やすとそのままの形で硬化するというものである．一方熱硬化性樹脂の性質は，加熱しても軟らかくならず，加熱を続けると焦げてしまう．熱に強いため，食器に使われる樹脂はほとんどがこのタイプである．
　熱可塑性樹脂はさらに三つに分けられる．繊維と汎用樹脂とエンプラである．繊維は合成繊維として知られるものである．汎用樹脂とは言葉のとおり，汎用，すなわち日常的に使われる，いわゆる普通のプラスチックであり，融点（T_m）は 120～140 度である．エンプラはエンジニアリングプラスチックの略語であり，工業用に使われる．融点は 140 度以上である．なお，融点 170 度以上のものをスーパーエンプラといって区別することもある．

高分子材料

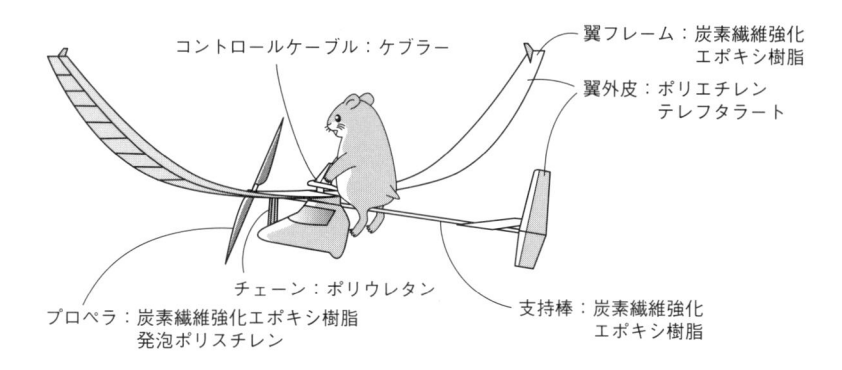

- コントロールケーブル：ケブラー
- 翼フレーム：炭素繊維強化エポキシ樹脂
- 翼外皮：ポリエチレンテレフタラート
- プロペラ：炭素繊維強化エポキシ樹脂　発泡ポリスチレン
- チェーン：ポリウレタン
- 支持棒：炭素繊維強化エポキシ樹脂

人力飛行機ゴサマー・アルバトロス号
1979年人力にてドーバー海峡横断

高分子の種類

分類		種類	用途
ゴム		SBR, NBS, EP	タイヤ，ゴム
熱可塑性樹脂	繊維	ナイロン，ポリエステル，ポリアクリル	繊維，衣料
	汎用樹脂	ポリエチレン，ポリビニル，ポリプロピレン，ポリスチレン	家庭用品
	エンプラ	ポリエステル，ポリアミド，ポリカーボネート，PET	機械，電化製品
熱硬化性樹脂		フェノール樹脂，ウレア樹脂，メラミン樹脂，エポキシ樹脂	食器，建材

第2節 ゴム

ゴムはタイヤやベルトの工業用を始め，衣料などとして日常生活の隅々にまでいき渡っている．

1 天然ゴム

天然ゴムの主成分は単純な分子構造である．それはイソプレンという，分子内に2個の二重結合を持つ分子が重合したものである．イソプレンはありふれた分子であり，これを重合するのもたやすいことである．それでは天然ゴムの合成は簡単かというと，そうではない．問題はその結合様式である．

人工的にイソプレンを重合するとグッタペルカと呼ばれるものになる．グッタペルカも天然樹脂であるが，硬くて，ゴムのような弾性はない．ゴムとグッタペルカの違いは，ゴムの二重結合がシス配置なのに，グッタペルカはトランス配置であることにある．

しかし，**現在ではチーグラー・ナッタ触媒を用いた配位重合によって，天然ゴムと同じシス配置を持つものが合成されている．このようなゴムを特に合成天然ゴムという．**

2 合成ゴム

合成ゴムのいくつかの例を表にあげた．ブタジエンを重合したゴムはブナゴムと呼ばれ，高い反発弾性を持つためよく弾む．お祭りのスーパーボールの原料である．また，イソプレンのメチル基が塩素に代わったクロロプレンからできるクロロプレンゴムは最初に商品化された合成ゴムである．

2種類のモノマーからなるコポリマーのゴムも開発されている．SBRはスチレン（S）とブタジエン（B）からなり，最も大量に生産されている合成ゴムである．NBRはアクリロニトリル（N，ニトリル）とブタジエン（B）からなるが，耐油性が強いため，石油用のパイプなどに使われる．

エチレン（E）とプロピレン（P）からなるEPゴムは二重結合を持たないゴムである．このため耐劣化性が強く，自動車部品や電線の被覆などに使われている．

ゴム

名称	モノマー	ポリマー	特色
合成天然ゴム	$H_2C=\underset{CH_3}{C}-CH=CH_2$ イソプレン	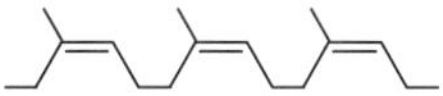 (ポリイソプレン構造)	配位重合 触媒使用
Bunaゴム	$H_2C=CH-CH=CH_2$ ブタジエン	$-(CH_2-CH=CH-CH_2)-$	高反発弾性 スーパーボール
SBR	$H_2C=CH-CH=CH_2$ $H_2C=CH$ 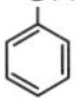 スチレン	$-(H_2C-CH=CH-CH_2-CH_2-CH)_n-$  (フェニル基付)	スチレン25% タイヤ用 スチレンユニットが加硫の役割
NBR	$H_2C=CH-CH=CH_2$ $H_2C=\underset{CN}{CH}$ アクリロニトリル	$-(H_2C-CH=CH-CH_2-CH_2-\underset{CN}{CH})_n-$	耐油性
EP	$H_2C=CHCH_3$ プロピレン $H_2C=CH_2$ エチレン	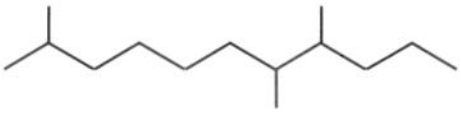 (ランダム共重合構造)	ランダムなメチル基が結晶化を乱す 耐劣化性

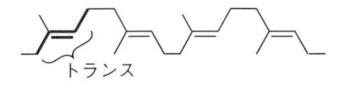

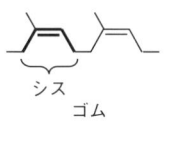

トランス — グッタペルカ

シス — ゴム

ワシはゴムは使用してオランフンドシジャ

ドウシマショウこの先生？

第3節 繊維

　衣服，寝具，カーテン，ソファー，登山ザイル，漁網，等々と，合成繊維はわたしたちの生活の隅々にまでしみわたっている．

1 紡糸

　同じ高分子が樹脂（プラスチック）になったり，繊維になったりする．樹脂とか繊維というのは，高分子の状態のことである．**一般に結晶質の少ない状態を樹脂といい，結晶質の多い状態を繊維という．**

　図は高分子溶液を繊維に形成する過程を示したものである．ポリマー溶液を細いノズルから押し出すと，糸状の高分子となる．この操作を紡糸という．この状態では結晶性は不十分であり，ラメラ構造が見えるにすぎない．ラメラ構造とは，長い高分子鎖が折りたたまれた状態であり，一種の弱い結晶状態である．

2 延伸

　紡糸によってできた糸状高分子を，引っ張ってさらに細い糸に引き伸ばす操作を延伸という．

　延伸の程度は高分子の種類や用途によっていろいろだが，通常は 10 倍程度の長さに引き伸ばす．**この延伸によって分子の方向がそろい，結晶質となる．**その結果，繊維の引っ張り強度は延伸前の 10 倍程度に強くなる．延伸によってできた結晶は繊維晶と呼ばれ，結晶の大きさが小さいため，繊維は普通透明のままである．

3 三大合成繊維

　合成繊維のいくつかを表に示した．漁網などに用いるじょうぶなナイロン，ウォッシュアンドウェアーのポリエステル，肌触りがよく，毛布などに用いられるアクリル繊維など，身近なものである．この，**ナイロン，ポリエステル，アクリルを三大合成繊維ということがある．**

　なお，アクリル繊維に用いるアクリルはアクリロニトリルを高分子化したものであり，メタアクリル酸エステルをモノマーとするアクリル樹脂とは違うものである．

紡糸

ポリマー溶液 →（紡糸）→ ラメラ構造

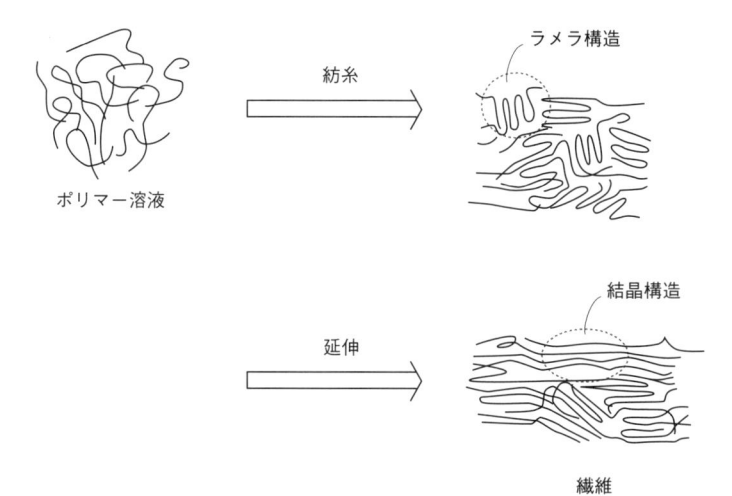

→（延伸）→ 結晶構造

繊維

繊維の種類

名称	構造	特徴	用途
ナイロン	$+(N(H)-(CH_2)_5-C(=O))_n+$	細く，美しい	ストッキング，衣料品 ベルト，ロープ
ポリエステル	$+(C(=O)-C_6H_4-C(=O)-O-(CH_2)_2-O)_n+$	防しわ性 低吸湿性	衣料品，Yシャツ 混紡
アクリル	$+(CH_2-CH(CN))_n+$	羊毛の風合	ニットウェアー，カーペット 毛皮，人工毛皮

第4節 特殊繊維

　合成繊維のスーパースター，ナイロンが出現したときには，そのじょうぶさが喜ばれた．しかし，合成繊維の種類が増えるにつれ，それ以外の付加価値が求められるようになった．

1 繊維の断面

　合成繊維の性質を決める要素は，素材高分子の性質もたいせつであるが，でき上がった繊維の形状も性質に大きく影響する．そのため，繊維の断面の形を，円形だけでなく，だ円形，三角形，星形にしたり，あるいは，チューブ状にしたりと，多様なくふうが凝らされている．

2 極細繊維

　天然の繊維には非常に細いものがある．例えばスウェードを構成する繊維は太さが 1 μm（10^{-6} m）ほどである．このような合成繊維を作ることは通常の方法では不可能である．紡糸に使うノズルの口を細くしすぎると高分子がうまく出て来ない．

　そこで開発されたのが，2 種類の高分子を使う方法である．ナイロンを第 2 の高分子と混ぜた混合物を，普通のノズルから紡糸するのである．するとナイロンと第 2 の高分子は混じらず，ちょうど第 2 の高分子の中に，何本かのナイロンの線が通った状態となる．ここで，第 2 の高分子を適当な溶剤で溶かし去れば，極細のナイロン繊維が得られる．

3 防しわ加工繊維

　完全な合成繊維とはいえないが，最近開発された繊維に形状記憶繊維がある．これは，天然のセルロース繊維（綿）を架橋加工したものである．衣服は洗濯により，縮み，しわが寄る．これは，繊維の非晶質部分が不規則で，分子間にすき間が空いているため，洗濯によって体積変化を起こすことによる．

　形状記憶繊維はこの非晶質部分を架橋によって剛性の高い状態にするものである．具体的にはホルムアルデヒドなどを作用させる．すると，セルロース分子にたくさんある水酸基とホルムアルデヒドが反応し，架橋することになる．このような操作を施した繊維を防しわ加工繊維という．

極細繊維

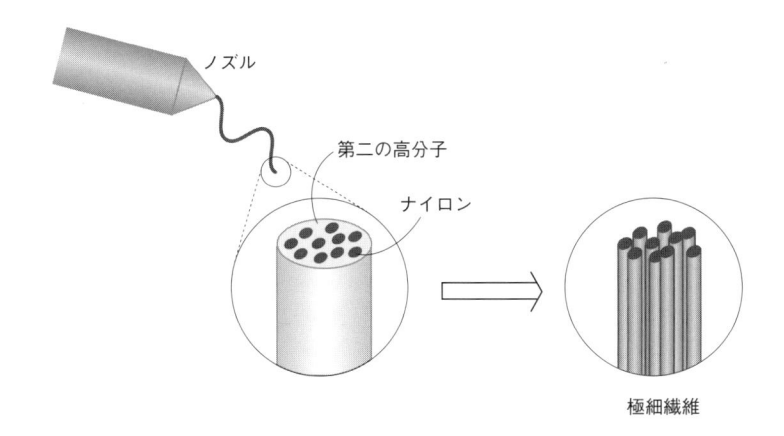

● ⬬ ▲ ★ C

ノズル
第二の高分子
ナイロン

極細繊維

形状記憶繊維

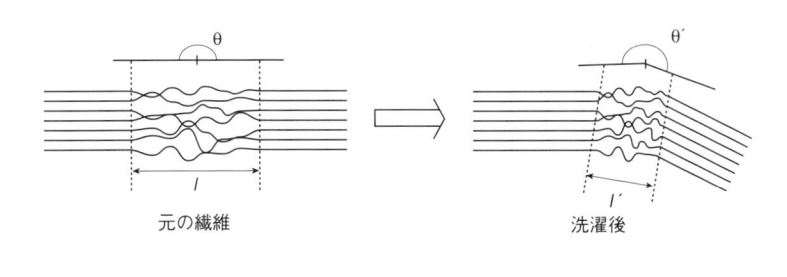

θ 　　　　　θ'

l 　　　　　l'

元の繊維　　　洗濯後

```
 — OH   HO —         H          — OH   HO —
 — OH   HO —     \        =O  →  — O—CH₂—O —
 — OH   HO —     H/                — OH   HO —
```

縮んでしまったシャツとズボン

第5節 汎用樹脂

日常多用される高分子なので，大量生産でき，安価であることが条件となる．

1 ベンゼン環を含まないもの

ビニルポリマー類の製法は先に見たとおりである．ポリエチレンそのものは，今やプラスチックの代名詞ともなっているほど多くの日用品に使われている．ポリ塩化ビニルは塩ビの略称で，各種配管用のパイプなどに多用されている．

メタクリル樹脂はアクリル樹脂と呼ばれ，透明度が高いことから有機ガラスとも呼ばれて，小さいものはボールペンの軸や眼鏡のレンズから，大きいものはビルの窓ガラス，ショーウィンドーのガラスに使われている．

2 ベンゼン環を含むもの

ポリスチレンは発泡スチロールとして生活に浸透している．スチレンはほかのモノマーとのコポリマーとしても利用されている．AS 樹脂はアクリロニトリル（A）とスチレン（S）のコポリマーであり，硬くて機械的強度は高いが割れやすい欠点を持つ．

AS 樹脂の欠点を改良したのが ABS 樹脂であり，アクリロニトリル，ブタジエン（B），スチレンの 3 種のモノマーのコポリマーである．製法は，まずブタジエンを重合してポリブタジエンとし，その後，アクリロニトリルとスチレンを加えて共重合したものである．ABS 樹脂は硬くて衝撃にも強く，その一方，光沢があって美しいので，家庭電気製品や，自動車の内装材として多用されている．

---

column　無機高分子

一般に高分子というと，炭素で骨格のできた巨大分子を指す．しかし，高分子の中には，炭素以外の無機元素でできた高分子，"無機高分子"もある．身近な例では水晶やガラスである．これらは酸素とケイ素が 3 次元に連なった巨大分子である．炭素のみでできたダイヤや炭素繊維も無機高分子である．これらは"有機高分子"とは異なった性質を持つが，それだけに，工業的に重要な材料である．

> ベンゼン環を含まないもの

名称	モノマー	ポリマー	性質	用途
ポリエチレン	$H_2C=CH_2$	$+(H_2C-CH_2)_n$	耐熱性 耐水性 耐薬品性	容器, フィルム チューブ, シート

ポリ塩化ビニル	$H_2C=CHCl$	$+(H_2C-CH)_n$
		     $\quad\ \ \ \|$
		     $\quad\ \ Cl$
			透明性
			保香性
			密着性
				チューブ
				パイプ
				シート

メタクリル樹脂	$H_2C=C\begin{smallmatrix}CH_3\\\|\\C=O\\\|\\OCH_3\end{smallmatrix}$	$+(H_2C-C)_n$
		     $\quad\ \ \ \|$
		     $\quad CO_2CH_3$
		     上にCH_3
			透明性	水槽
				レンズ
				人工水晶体

> ベンゼン環を含むもの

名称	構造	性状	用途
ポリスチレン	$+(CH_2-CH)_n$ に フェニル基	低粘性 透明 光沢 発泡性	発泡スチロール 日用雑貨 断熱材
AS	$+(CH_2-CH)_n(CH_2-CH)_m$ $\quad\ \ \ \|\qquad\qquad\quad\ \|$ $\quad\ \ CN\qquad\qquad\ \ $ フェニル $\quad\ \ A\qquad\qquad\quad\ S$	固い 割れやすい	
ABS	$+(CH_2-CH)_l(CH_2-CH=CH-CH_2)_m(CH_2-CH)_n$ $\quad\ \ \ \|\qquad\qquad\qquad\qquad\qquad\qquad\quad\ \|$ $\quad\ \ CN\qquad\qquad\qquad\qquad\qquad\qquad$ フェニル $\quad\ \ A\qquad\qquad B\qquad\qquad\qquad\quad\ S$	耐衝撃性 耐熱性 光沢性 剛性	家電品 自動車内装

発泡スチロール製彫刻

第6節 エンプラ

　汎用樹脂に比べ，強度，耐熱性の優れたものを工業用プラスチック（エンジニアリングプラスチック，略してエンプラ）と呼ぶ．ポリエステル，ポリアミド，ポリカーボネート，ポリイミド（第9章第3節参照）などがある．

1 ポリエステル類

　エンプラとして使われるポリエステルのいくつかを表にまとめた．カルボン酸部分が芳香族（アリール）であるため，ポリアリールエステル類と呼ばれることもある．

　エチレングリコール（E）とテレフタル酸（T）からできるPETはペットボトルの原料として，世話にならない日はないほど日常生活に出回っている．PETの熱変形温度は240 ℃と高いため，その温度を160 ℃に下げて，加工を容易にしたのがPBTで，ブタンジオール（B）とテレフタル酸のエステルである．アルコール部分も芳香族にしたのがポリアリレートであり，衝撃性に強い性質がある．

2 ポリアミド類

　ポリアミドはアミド結合によって高分子化したものであり，ナイロンが典型である．従来のナイロンはモノマーが鎖状の脂肪族であり，特に脂肪族ナイロンと呼ばれる．これに対して，芳香族のナイロンは，優れた性質を示すことが多く，アラミドという一般名の下に，エンプラとして利用されている．

　ケブラーは軽くてじょうぶな高分子であり，その引っ張り強さは鋼鉄の1.3倍で，比重は鋼鉄の20 % 足らずである．この繊維はハサミで切ることができないほど硬い．そのため，防弾チョッキに用いられる．耐熱性にも優れており，T_g, T_mはそれぞれ345, 497 ℃である．

　ケブラーの耐熱性は同時に熱加工しにくいことを意味する．そのため，開発されたのがノーメックスである．これはT_g, T_mが280, 390 ℃である．ケブラーのモノマーはいずれもパラ置換であるが，ノーメックスではメタ置換である．このため，高分子の対称性はノーメックスのほうが低い．このように，分子の対称性が下がると融点が低くなるのはよく観察されることである．

ポリエステル類

名称	モノマー	ポリマー	性質
PET	$HO(CH_2)_2OH$ $HO_2C-C_6H_4-CO_2H$	$+(C(=O)-C_6H_4-C(=O)-O-(CH_2)_2-O)_n$	ペットボトル 軟化温度 240°C
PBT	$HO(CH_2)_4OH$ $HO_2C-C_6H_4-CO_2H$	$+(C(=O)-C_6H_4-C(=O)-O-(CH_2)_4-O)_n$	軟化点が160°Cと PETより低いため、 射出成形しやすい
ポリアリレート	$HO-C_6H_4-C(CH_3)_2-C_6H_4-OH$ $HO_2C-C_6H_4-CO_2H$	$+(C(=O)-C_6H_4-C(=O)-O-C_6H_4-C(CH_3)_2-C_6H_4-O)_n$	耐摩耗性 耐衝撃性 変形回復しやすい

芳香族ポリアミド

名称	モノマー	ポリマー	性状
ケブラー	$H_2N-C_6H_4-NH_2$ (para) $HOOC-C_6H_4-COOH$ (para)	$+(NH-C_6H_4-NH-C(=O)-C_6H_4-C(=O))_n$	軽量 高強度 耐熱性
ノーメックス	$H_2N-C_6H_4-NH_2$ (meta) $HOOC-C_6H_4-COOH$ (meta)	$+(NH-C_6H_4-NH-C(=O)-C_6H_4-C(=O))_n$ (meta)	軽量 高強度 耐熱性 形成容易

第7節 熱硬化性樹脂

加熱により3次元的に架橋され，成形後は加熱しても軟化，融解せず，溶媒にも溶けない樹脂を熱硬化性樹脂という．

1 3次元網目構造

熱硬化性樹脂の構造的特徴はその3次元網目構造にある．この剛直で大きな分子構造のため，熱硬化性樹脂の独特の性質が表れる．網目構造構築の原因はモノマーが多数の反応点を有していることである．これが枝分かれ構造の原因になる．橋かけ構造に寄与しているのがホルムアルデヒドである．

2 構造と性質

熱硬化性樹脂のいくつかを表にまとめた．

架橋分子としてホルムアルデヒドを用いるものをホルマリン樹脂という．ホルマリンとはホルムアルデヒドの40％ほどの水溶液（防腐剤）のことである．ホルムアルデヒド以外のモノマーとして何を用いるかによってフェノール樹脂，ウレア樹脂，メラミン樹脂などがある．

フェノール樹脂は最も古い合成樹脂の一つであり，ベークライトの商品名で食器や電気器具などに用いられている．ウレア（尿素）樹脂は食器などのほか，ベニヤ板などの接着剤にも用いられる．メラミン樹脂は硬く，耐熱，耐薬品性もあり，しかも光沢があって美しいため，家電品，家具として多用されている．

酸素を含んだ三員環をエポキシという．エポキシ樹脂はエポキシ誘導体とアミンからできるものである．接着剤や複合材料の原料として使われている．

3 ホルムアルデヒド

ホルマリン樹脂の問題は，原料に強い毒性を持つホルムアルデヒドを用いることである．ホルムアルデヒドは，反応して高分子構造の一部となってしまえばまったく問題はないが，問題は未反応のホルムアルデヒドである．ウレア樹脂の食器では，この微量の未反応ホルムアルデヒドが食物に混じる可能性があり，品質管理がたいせつである．最近問題になっているのはシックハウス症候群である．家具や接着剤からしみ出す未反応ホルムアルデヒドが一因といわれている．

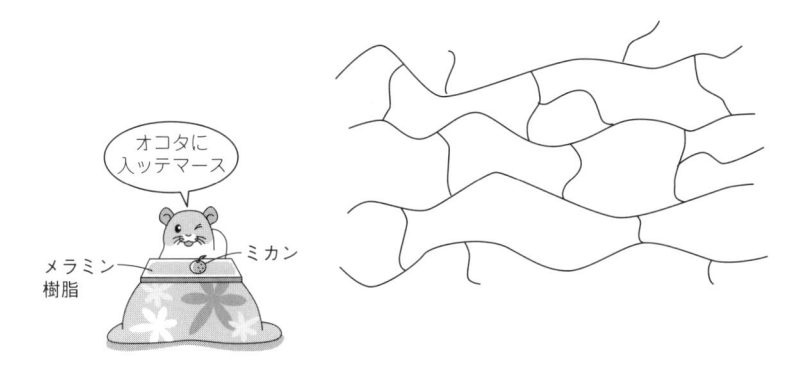

3次元網目構造

(オコタに入ッテマース — メラミン樹脂, ミカン)

構造と性質

名称		ポリマー	モノマー	性状	用途
ホルマリン樹脂	フェノール樹脂	-CH$_2$-〈OH,CH$_2$-〉-CH$_2$-	OH-〈 〉, H-CH=O	耐熱性 耐薬品性 絶縁性	ベークライト 食器 電気器具 塗料
	ウレア樹脂	-CH$_2$-N(CO)-N-CH$_2$-N-	H$_2$N-CO-NH$_2$, H-CH=O	透明性 接着性 耐熱性	日用雑貨 ベニヤ接着剤 食器
	メラミン樹脂	-CH$_2$-NH-(triazine)-NH-CH$_2$- メラミン	H$_2$N-(triazine)-NH$_2$ (NH$_2$), H-CH=O	透明性 耐薬品性 美光沢	家具 化粧合板 塗料 電気器具
エポキシ樹脂		-N-CH$_2$-CH(□)-CH(OH)-・・・-CH$_2$-N-	ジエポキシ, H$_2$N-〈 〉-NH$_2$	絶縁性 接着性 光沢性	配線基板 接着剤 塗料

第7節◆熱硬化性樹脂

第8節 複合材料

どのような材料にも短所はある．何種類かの材料を混ぜて，その短所を克服し，さらには長所を増進しようというのが複合材料である．

1 繊維強化プラスチック

複合材料の一つに繊維強化プラスチックと呼ばれる一群がある．これは繊維をマトリックスと呼ばれるプラスチックで固めたものである．繊維，プラスチックの種類を表にまとめた．

繊維としてはアラミド，高強度ポリエチレンのような合成繊維のほか，ガラス繊維や金属繊維など無機系の繊維も使われる．しかしマトリックス素材はもっぱら合成高分子である．

複合化することによって，どのように改質されるかを表に示した．エポキシ樹脂をマトリックスとした複合材料の引っ張り強度である．高強度ポリエチレンでは3倍になった程度であるが，ほかでは8倍（アラミド繊維）から30倍（アルミニウム繊維）近くと著しい改良が見られる．

2 用途

複合材料の用途はレジャー用の釣りざお，サーフボードから自動車，航空機の機体と枚挙にいとまないが，NASAのスペースシャトルを図に示した．石器時代，鉄器時代と進歩してきた人類であるが，今やポリマー時代に突入した感がある．

> **column　ノボラック，レゾール**
>
> フェノールとホルムアルデヒドの共重合体はベークライトである．この反応を塩基触媒を用いて行うと，反応の初期生成物として，モノマー数200〜300程度のレゾールと呼ばれる液体となる．一方，酸を触媒とするとモノマー数700〜1000程度のノボラックと呼ばれる固形樹脂を与える．
>
> レゾールを加熱すると架橋反応を起こして熱硬化性樹脂となる．ノボラックはヘキサメチレンテトラミンを加えて過熱すると，やはり熱硬化性樹脂となる．

繊維強化プラスチック

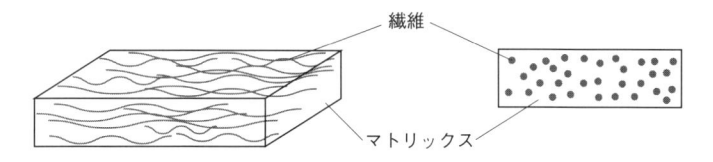

繊維	ガラス繊維, ボロン繊維, アラミド繊維 金属繊維, カーボン繊維, 高強度ポリエチレン
マトリックス	エポキシ樹脂, フェノール樹脂, ナイロン ポリフェニレンスルフィド, ポリエーテルスルホンポリイミド

性能向上

		ガラス繊維	炭素繊維	アラミド繊維	高強度ポリエチレン	Al_2O_3繊維
引張強度 GPa	単体	2.7	3.5	3.6	2.5	2.5
	FRP	39	49	29	7.9	67

マトリックス：エポキシ樹脂

用途

後部胴体スラスト構造（内部）
（ホウ素-エポキシ補強チタン）
翼前縁熱遮へい（C-C）
エレボン（CF-PI）
垂直尾翼（CF-PI）
ペイロードベイドア（CF-Ep）
OMSポッド（CF-Ep）
後部胴体フラップ（CF-PI）
主脚格納ドア（CF-PI）
中央胴体支柱（内部）（ホウ素-アルミニウム）
圧力容器（内部）（KF-Ep）

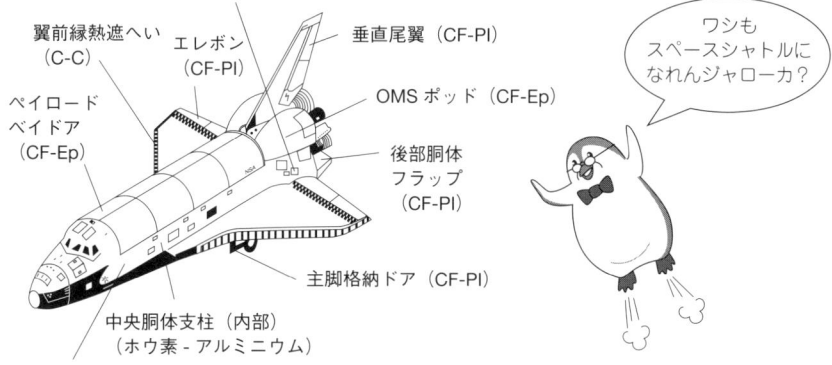

ワシもスペースシャトルになれんジャローカ？

スペースシャトルに用いられている高分子複合材料
CF-Ep：炭素繊維強化エポキシ, KF-Ep：ケブラーエポキシ,
CF-PI：炭素繊維強化ポリイミド, C-C：炭素繊維強化炭素

[NASA 資料より]

[竹内茂爾、北野博巳, ひろがる高分子の世界, p.72, 図6.5, 裳華房 (2000)]

11章 機能性高分子

　高分子は各種材料として優れた性質を持っている．しかし，高分子の中には，それ以外に特殊な機能を持っているものがある．このような高分子を機能性高分子と呼ぶ．機能性高分子の最たるものは，生物の生命と遺伝に関与する，タンパク質，糖類，DNA という天然高分子であろう．しかし，合成高分子にも多彩な機能を持ったものが開発されている．

第1節 水で機能する高分子

　紙や布は水を吸う．しかし，その量はたかが知れている．紙や布が水を吸う機構は毛管現象である．紙，布のセルロース高分子と水分子の間の分子間力によって水が引き寄せられるのが吸水力の源である．

1 吸水機構

　高吸水性高分子は自重の 1000 倍以上もの水を吸う．高吸水性高分子は 3 次元網目構造を持っている．この網目の中に水分子を閉じこめるのが吸水力の原因である．しかし，それだけではない．高分子を作るモノマーはカルボキシル基を持ち，これがナトリウム塩になっている．**高分子が水を吸うと，その水分によってカルボキシル基が電離し，カルボキシル陰イオンとなり，一方，ナトリウムカチオンは水中に拡散していく．この結果，高分子中に残った陰イオンどうしの反発力によって網目構造が押し広げられ，水を入れる体積が増加すると同時に，水を保持するのである．**

2 用途

　高吸水性高分子の用途は紙オムツに代表される生理用品である．
　しかし，それだけではない．近年，地球の温暖化や人口の増加などにより，地球の砂漠化が進んでいる．そのため，砂漠化の阻止と，さらに進んで砂漠の緑化が世界の緊急課題である．高吸水性高分子は砂漠の緑化に役だっている．砂漠にこの高分子を埋め，そこに水を吸わせてその上に樹木を植えるのである．給水の間隔が長くなり，給水の労力が省けるが植物は順調に生育できるのである．

機能性高分子

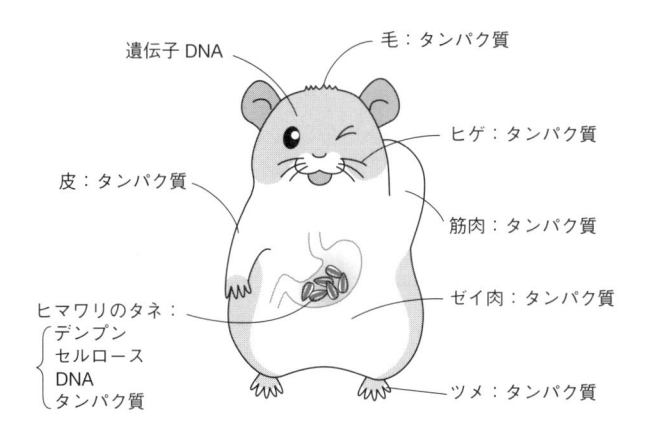

- 遺伝子 DNA
- 毛：タンパク質
- ヒゲ：タンパク質
- 皮：タンパク質
- 筋肉：タンパク質
- ゼイ肉：タンパク質
- ヒマワリのタネ：
  - デンプン
  - セルロース
  - DNA
  - タンパク質
- ツメ：タンパク質

水で機能する高分子

H_2O

CO_2^-　Na^+　Na^+
CO_2^-　^-O_2C
Na^+　CO_2^-
Na

サバクにミドリを

第2節 熱で機能する高分子

　熱可塑性高分子は加熱すると軟化し，冷却すると硬化する．この性質を利用したのが形状記憶高分子である．

1 形状記憶

　プラスチックでできた皿を温めると自由な形に変形し，円板状にもなる．この状態で冷却すれば円板状のプラスチックになってしまう．ところが，この円板プラスチックを再び温めると，元の皿に戻ってしまうのである．このようなプラスチックを，元の形を覚えているので，形状記憶高分子という．

2 記憶原理

　記憶の原理は3次元網目構造にある．
　まず，網目構造のない，直鎖状の高分子で皿を作る．次に，この皿に放射線を照射するなど適当な方法で架橋し（第9章第2節），3次元網目構造とする（経路1）．これで，この高分子は皿の形を覚えたことになる．この皿を温めれば高分子は軟化し（経路2），自由に変形できる（経路3）ので押し広げて円板とする．この状態で冷却すれば（経路4），高分子は円板となって固定する．しかし，これは高分子にとっては歪みのかかった状態である．高分子の構造としては皿形になっているのである．皿形に戻りたくてしようがない．
　この円板プラスチックを温めれば，高分子は軟らかくなり，自分の好きな構造を取ることができるようになる．すなわち，円板上に押さえておいた力が取り除かれたのである．ということで，皿に戻るというわけである．

---

column　プラスチック磁石

　磁性を持ったプラスチック，プラスチック磁石がある．しかし，これは磁石の粉（微粒子）をプラスチックに練りこんだものであり，プラスチックそのものに磁性があるわけではない．ところが，最近，プラスチックそのものに磁性を持たせる研究が進み，実際に合成に成功している．不対電子を持ったラジカルを利用したものだけに，安定性に問題があるが，近い将来実用化されるであろう．

形状記憶

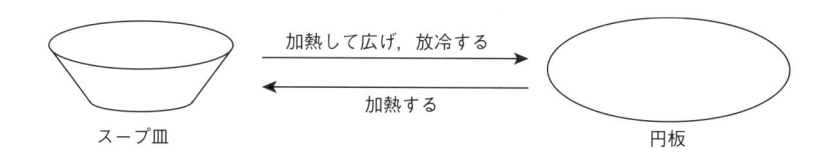

スープ皿 ⇄ (加熱して広げ，放冷する / 加熱する) 円板

記憶原理

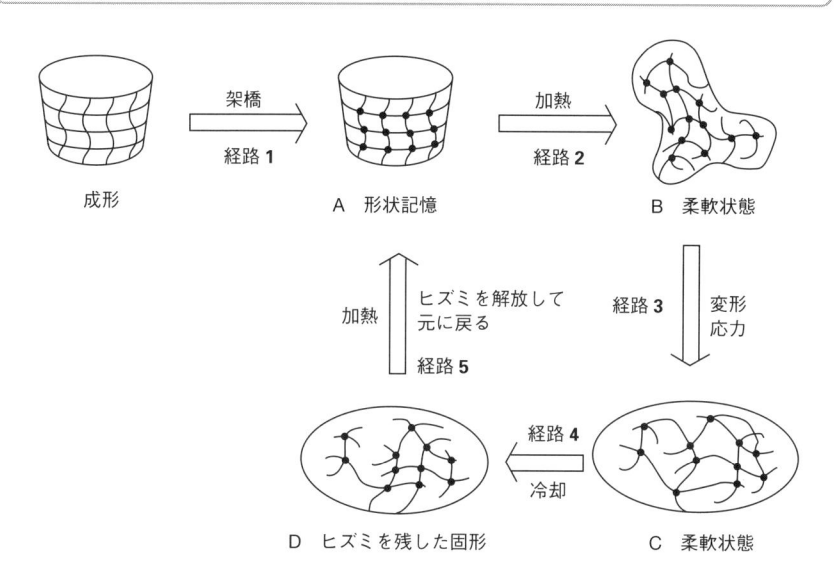

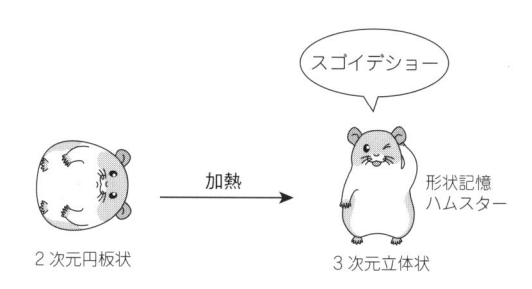

成形 →(架橋, 経路1)→ A 形状記憶 →(加熱, 経路2)→ B 柔軟状態

B →(経路3, 変形応力)→ C 柔軟状態 →(経路4, 冷却)→ D ヒズミを残した固形

D →(加熱, ヒズミを解放して元に戻る, 経路5)→ A

2次元円板状 →(加熱)→ 3次元立体状

形状記憶ハムスター

「スゴイデショー」

第3節 光で機能する高分子

分子にエネルギーを与えると，分子は反応する．このエネルギーを熱で与えると熱反応となり，光で与えると光反応となる．高分子にも光で反応するものがある．

1 光化学反応

感光性樹脂といわれる高分子は，重合度が低く，そのままでは有機溶剤に溶ける．ところが，この高分子に紫外線を当てると，重合度が上昇し，硬化して不溶性になるのである．

例を図に示した．高分子 **1** は感光性樹脂の一種であり，分子内に二重結合を持っている．**1** に紫外線を照射すると，異なる分子間の二重結合が環状付加反応して **2** になる（第 9 章第 2 節参照）．**2** は架橋高分子であり，いくつかの高分子鎖が結合しているので，重合度も高く，分子量も大きい．そのため，熱硬化性樹脂のように強度が高く，不溶性である．

2 フォトレジスト

フォトレジストとは，光（フォト）による記録（レジスト）という意味である．

金属基板上に感光性樹脂を塗っておく．その上に写真のネガフィルムを置く．このネガフィルムを通して紫外線を照射する．すると，フィルム面の透明な所だけが紫外線を通し，その部分の感光性樹脂だけが光反応を起こして硬化することになる．

ここで，全体を溶剤で洗浄すると，未感光の部分の感光性樹脂は溶剤に溶けて洗い流され，感光部分の樹脂だけが残ることになる．これを印刷の原版として印刷すれば，ネガフィルムの透明な部分，すなわち写真の黒いところだけにインクが乗り，紙面に黒く印刷されることになる．

光化学反応

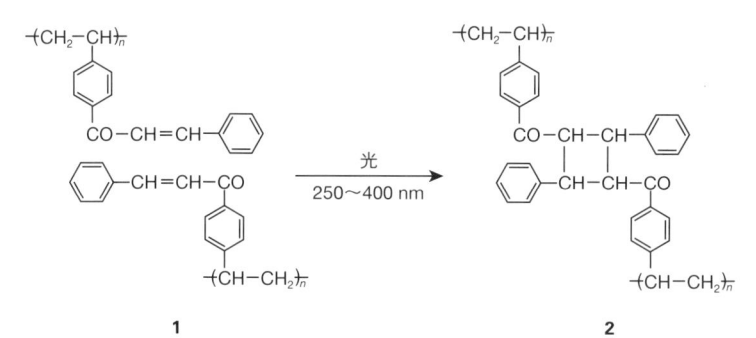

1 ポリビニルベンザルアセトフェノン

日焼けも光化学反応デース

フォトレジスト

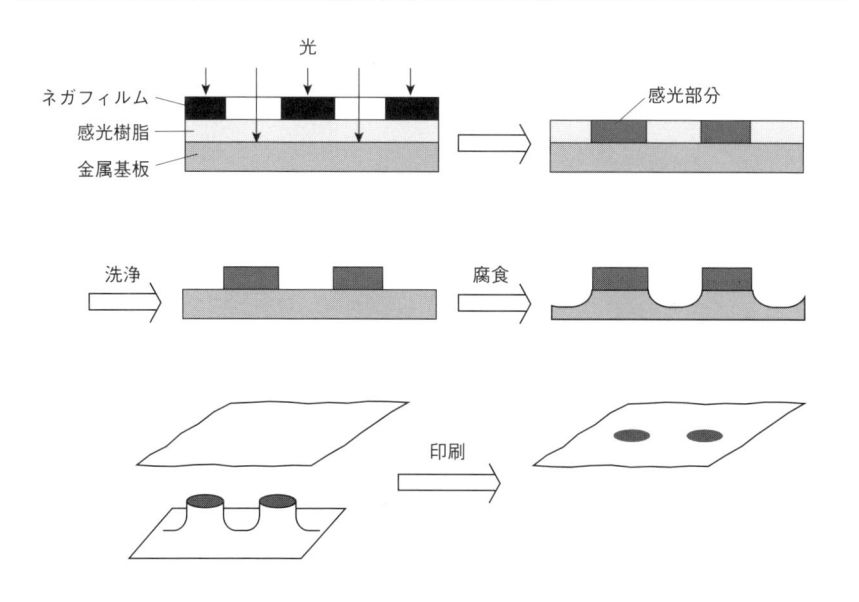

ネガフィルム
感光樹脂
金属基板
光
感光部分

洗浄 → 腐食 → 印刷

第4節 電気で機能する高分子

有機物は一般に電気を通さない絶縁体が多い．高分子も同様である．しかし，電気を通す導電性高分子が開発された．

1 導電機構

原子の電子が殻や軌道に収容されたのと同様に，分子の電子は分子軌道に収容される．分子軌道にはエネルギーの低い結合帯と，エネルギーの高い反結合帯がある．電子はこのうち，結合帯に入っている．

分子の導電性は電子の移動によって起こる．結合帯は電子がたくさん入っている．いわば，渋滞道路のようなものである．電子の自動車が走ろうにも，ほかの電子がじゃまで走れない．すなわち導電性が現れない．分子には高速道路が存在する．反結合帯である．ここは電子が少なく，電子の自動車は高速で走れる．しかし，結合帯の電子が反結合帯に上がるためにはエネルギーのギャップ ΔE がある．これを乗り越えるのは容易でない．

2 ドーパント

ここで登場するのがドーパントである．ドーパントとは，高分子に加える微量の異物質，いわば不純物のようなものである．しかし，**軌道エネルギーの適切なドーパントを使うと，高分子の反結合帯に近いところに電子を送り込むことができる**．すなわち，導電性を獲得できることになる．

3 導電性高分子

導電性高分子の例を表に示した．白川博士のノーベル賞で有名になった導電性高分子がポリアセチレンである．しかし，このものの導電率は 10^{-9} であり，絶縁体である．なぜ，ポリアセチレンが導電性になったのか．それが上で見たドーパントのせいである．すなわち，五フッ化ヒ素 AsF_5 をドーパントにしたおかげで導電率は 10^3 となり，一挙に 10^{12} 倍に上がったのである．

ドーパントの種類によって導電率の変わる例がポリフェニレンである．ドーパントに AsF_5 を用いれば導電率は 10^2 で導電性であるが，ドーパントをヨウ素 I_2 にすると 10^{-5} で半導体の領域である．

導電機構

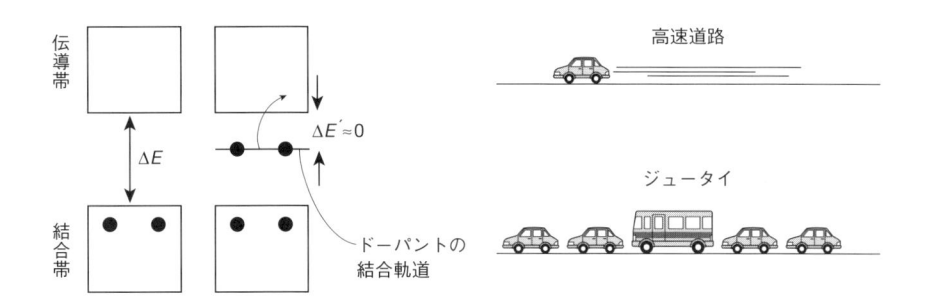

伝導帯／結合帯　ΔE

$\Delta E' \approx 0$　ドーパントの結合軌道

高速道路

ジュータイ

導電性高分子

物質名	化学構造	ドーパント	導電率 (S/cm)
ポリフェニレンビニレン	−⟨⟩−CH=CH−⟨⟩−CH=CH−	AsF_5	2800
ポリアセチレン	（構造式）	AsF_5	1200
ポリピロール	（構造式）	BF_4	1000
ポリ-p-フェニレン	−⟨⟩−⟨⟩−	AsF_5	500

導電率

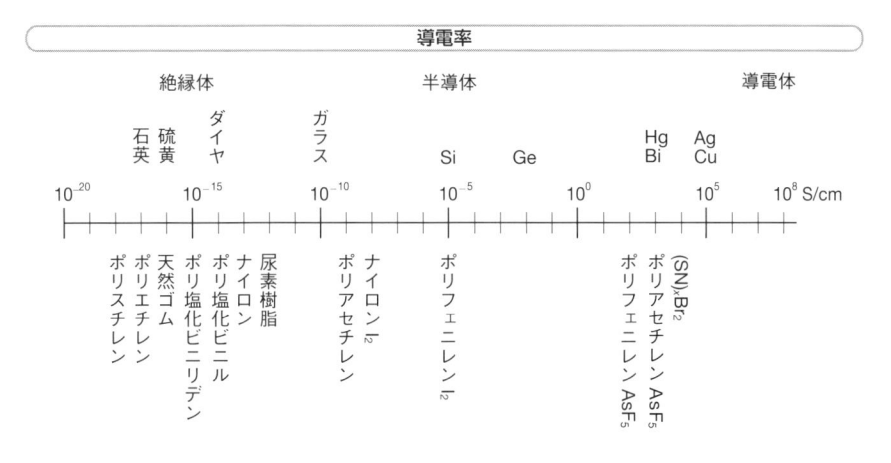

絶縁体　　　　　　　半導体　　　　　　　導電体

石英　硫黄　ダイヤ　ガラス　　Si　Ge　　Hg Bi　Ag Cu

10^{-20}　10^{-15}　10^{-10}　10^{-5}　10^{0}　10^{5}　10^{8} S/cm

ポリスチレン／ポリエチレン／天然ゴム／尿素樹脂／ナイロン／ポリ塩化ビニル／ポリ塩化ビニリデン／ナイロン I_2／ポリアセチレン／ポリフェニレン I_2／$(SN)_xBr_2$／ポリアセチレン AsF_5／ポリフェニレン AsF_5

第5節 化学で機能する高分子

　高分子といえど化学物質である．化学的に機能するのはお手のものであるが，ここではイオン交換機能と凝集機能を紹介しよう．

1 イオン交換樹脂

　イオン交換樹脂とは，溶液中の特定のイオンをほかの適当なイオンに交換する樹脂のことである．陽イオンを H^+ に換えるものを陽イオン交換樹脂，陰イオンを OH^- に換えるものを陰イオン交換樹脂という．それぞれの例は，図の **1**，**2** である．反応を反応式1，2に示した．

　このイオン交換樹脂を使えば，海水中のナトリウムイオン Na^+ を水素イオン H^+ に交換し，塩化物イオン Cl^- を水酸化物イオン OH^- に交換することができる．この結果，海水からは NaCl が消失し，海水は真水になる．すなわち海水の淡水化である．

　これは実際に，中東などの砂漠地方で海水を真水に換えるプラントとして利用されている．

2 凝集剤

　濁った水を長時間静置すれば，砂や泥などの固形物は沈殿して透明になる．しかし，いつまでたっても透明にならない水がある．このような水に混じっている不純物はコロイド化しているのである．コロイドとは電荷を持った微小な粒子の集まりのことである．コロイド粒子は電荷によって互いに静電反発しているため，凝集して沈殿することがない．そのため，いつまでも濁ったままなのである．

　凝集剤は，このようなコロイド粒子の電荷を利用して，コロイド粒子を凝集させるものである．凝集剤はイオン性の置換基を持った高分子である．例えば，マイナスに帯電したコロイド粒子に，構造 **3** のカチオン性凝集剤を加えれば，コロイド粒子は凝集剤の電荷との間の静電引力によって引き付けられ，凝集して沈殿する．

　このような凝集剤は上下水道の浄化などに利用されている．

イオン交換樹脂

$\mathrm{-(CH_2-CH)-_n}$ with $\mathrm{C_6H_4-SO_3^-H^+}$

陽イオン交換樹脂
1

$\mathrm{-(CH_2-CH)-_n}$ with $\mathrm{C_6H_4-CH_2-R_3N^+OH^-}$

陰イオン交換樹脂
2

$\square\mathrm{-SO_3^-H^+ + Na^+ \longrightarrow \square-SO_3Na + H^+}$ （反応1）

$\square\mathrm{-NR_3^+OH^- + Cl^- \longrightarrow \square-NR_3Cl + OH^-}$ （反応2）

凝集剤

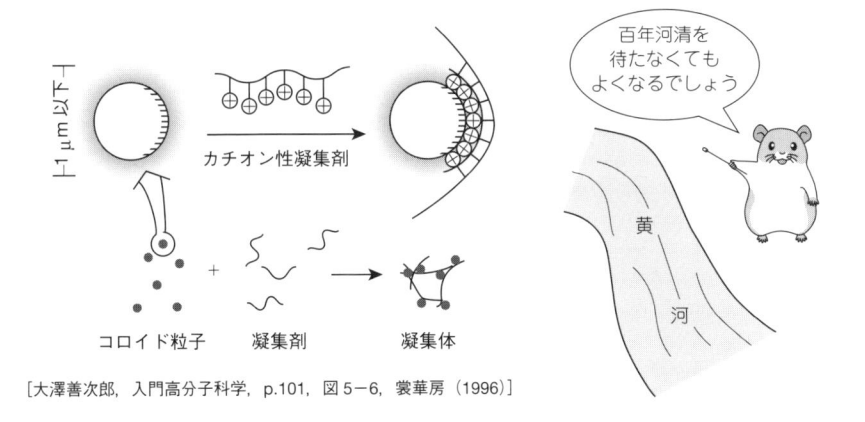

コロイド粒子 ＋ 凝集剤 → 凝集体

カチオン性凝集剤

百年河清を待たなくてもよくなるでしょう

黄河

[大澤善次郎，入門高分子科学，p.101，図5-6，裳華房（1996）]

カチオン性凝集剤

$\mathrm{-(CH_2-CH)-_n}$ with $\mathrm{R_3N^+X^-}$

3

アニオン性凝集剤

$\mathrm{-(CH_2-CH)-_n}$ with $\mathrm{CO_2^-Na^+}$

4

第6節 立体構造で機能する高分子

　機能性高分子の最たるものは天然高分子であろう．これは生体を維持するため，多岐にわたる機能を備えている．その一つにタンパク質がある．タンパク質の本領はその立体構造にある．

1 ポリペプチド

　タンパク質は多種類，多数のアミノ酸がアミド結合で連結したものである．その意味でポリアミドであり，ナイロンの一種である．

　アミノ酸がアミド結合で連結したものを特にポリペプチドという．しかし，ポリペプチドをタンパク質とはいわない．ポリペプチドがタンパク質になるためには，特有の立体構造を持ち，しかもその立体構造が常に再現されなければならない．

2 立体構造

　図はタンパク質の立体構造の一部である．αヘリックスといわれる部分はアミノ酸の連結でできたチェーン構造がらせんを巻いている．βシートといわれる部分は何本かのポリペプチドチェーンが横に並んで，板（シート）状になっている．

　ポリペプチドがこのような構造になるのは偶然ではない．各アミノ酸に含まれるカルボニル基（C=O），水酸基（OH），アミノ基（NH_2），メルカプト基（SH）などの間に結ばれる複雑な水素結合のネットワークの結果である．

　3D 図で示したのは，リゾチームといわれるタンパク質である．酵素の一種で，細菌の細胞壁を壊して抗菌作用を示す．円筒で示した部分がαヘリックスであり，板状矢印で示した部分がβシートである．図の上部にある溝の所で細胞壁を食い破るという．タンパク質の機能は，その特有の立体構造に基づくところが大きい．

　このように，**再現性のある特有の立体構造になったポリペプチドだけをタンパク質という**．多くのポリペプチドは適当に丸まった立体にはなるだろうが，その形はテンデンバラバラであり，再現性がないのである．

ポリペプチド

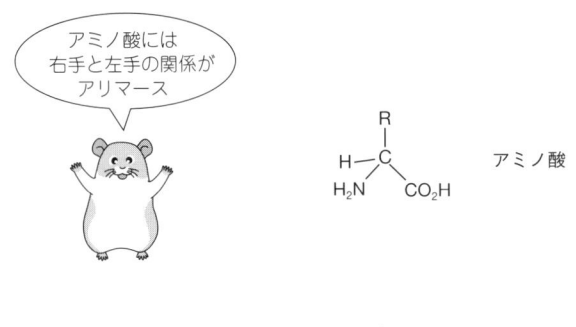

アミノ酸には右手と左手の関係がアリマース

アミノ酸

ポリペプチド（ポリアミド）

立体構造

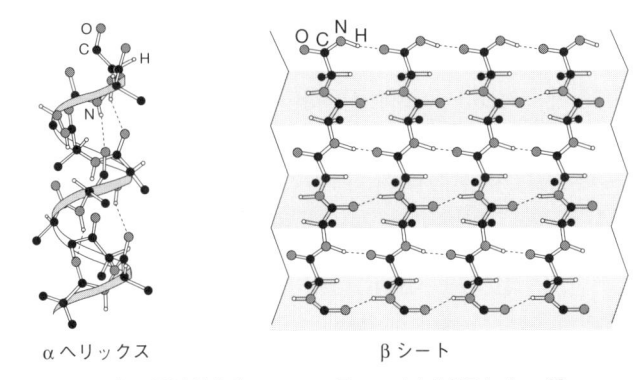

αヘリックス

βシート

[野依良治 編, 大学院講義有機化学 II, p.351, 図 7.6, 東京化学同人 (1998)]

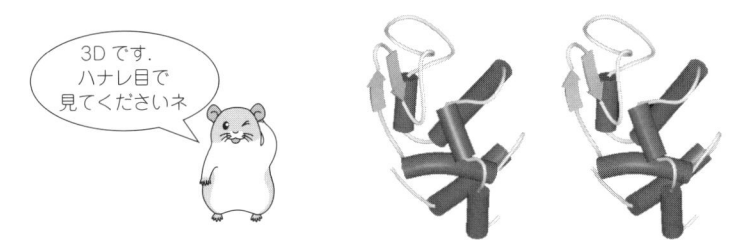

3D です．ハナレ目で見てくださいネ

[平山令明, 分子レベルで見た体のはたらき, p.182, 図 7－10, 講談社 (1998)]

第7節 モノマーの異性化で機能する高分子

　生体に含まれる高分子で，タンパク質と並んでよく知られているのが糖類である．中でもデンプンとセルロースが有名である．デンプンもセルロースも同じモノマー，グルコースからできた高分子である．

1 グルコースの異性化

　グルコースは水中では三つの構造をとっている．鎖状構造と，二つの環状構造である．環状構造は α 型と β 型である．両者で，網をかぶせた位置の水酸基の向きが違うことに注意していただきたい．

2 デンプンとセルロース

　デンプンはご飯やパンの主成分であり，わたしたちの栄養源である．セルロースは木や草の構造部分，細胞を取り囲む細胞壁を構成し，ヒトは消化吸収できないが，ヤギやウシは消化吸収する．
　デンプンとセルロースの構造を図に示した．両者ともモノマーはグルコースである．問題はモノマーの立体構造である．デンプンのモノマーは α- グルコースであり，セルロースは β 型である．この違いによって，ヒトはセルロースを分解できないのである．しかし，化学的な反応で加水分解すれば生成するのはグルコースである．そうなればヒトも消化できる．

3 高次構造

　デンプンには直鎖状のアミロースと，枝分かれ状のアミロペクチンがある．ご飯のデンプンでは 75 %，もち米では 100 % がアミロペクチンである．両者とも直鎖状の部分はらせん構造をとっている．ヨウ素デンプン反応では，加えたヨウ素分子がこのらせんの中に入ることによって発色する．その際，直鎖部分の長いアミロースを用いると紫色になるが，アミロペクチンでは赤紫色になる．
　デンプンの立体構造にも α 型と β 型がある．普通の状態のデンプンは，強固ならせん構造の β 型である．しかし，水を加えて加熱するとらせんが緩んだ α 型となる．しかし，冷えるとまた β 型に戻る．これが冷や飯である．パンは α 型で脱水し，デンプン構造を固定したため，冷えても α 型のままなのである．

グルコースの異性化

α-グルコース　⇄　鎖状構造　⇄　β-グルコース

デンプンとセルロース

デンプン

セルロース

ボク，ゴハン大好きデース

高次構造

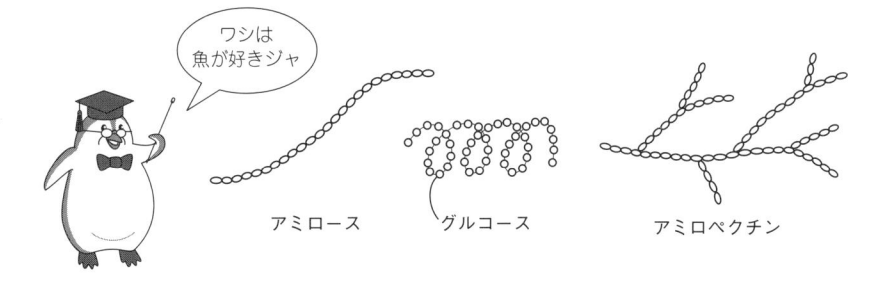

ワシは魚が好きジャ

アミロース　　グルコース　　アミロペクチン

第8節 鋳型で機能する高分子

　高分子中で，最も複雑で最も崇高な機能をするのは核酸，DNA ではなかろうか．DNA は遺伝を支配し，生命を連続させる．

1 構造

　DNA の構造は，図 A に示したように，2 本のらせん構造の長い高分子鎖，A と B が絡まった二重らせん構造である．
　1 本の高分子鎖を取り出したのが図 B である．基本鎖と塩基からなる．基本鎖部分はカッコで示したように，同じ単位構造，モノマーの繰り返しである．非常に簡単な構造の高分子にすぎない．すなわち，DNA は簡単な構造の高分子に"何種類かの塩基"が"ぶら下がった"ものにすぎない．
　それでは，塩基の種類が膨大なのか？　とんでもない．塩基はわずか 4 種類にすぎない．アデニン (A)，シトシン (C)，グアニン (G)，チミン (T) である．これは文字である．遺伝情報はこの 4 文字のアルファベットを使って書き込まれているのである．
　ただ，2 本の DNA 鎖が絡まるときに巧妙なしかけがある．**各塩基は互いに水素結合によって"ピッタリ"と結合するが，それには相性がある．A－T，G－C 以外では水素結合しないのである．そのため，2 本の鎖はすべての塩基がこの対になって対応している．これが DNA の構造である．**

2 複製

　細胞分裂に伴い，DNA の二重らせんも解けて 1 本ずつになり，それがまた相手を作って元の二重らせんに戻る．これを DNA の複製という．
　図に複製のようすを示した．分裂する DNA を旧鎖，新しく複製される DNA を新鎖としよう．まず，旧鎖が端からほどけていく．と同時に，それと同時進行的に新鎖の構築が始まるのである．溶液系から，ほどけた旧鎖の塩基に対応する塩基が寄ってきて水素結合する．
　すなわち，旧鎖を鋳型にして新鎖ができるのである．この結果，旧 A 鎖を元にして新 B' 鎖ができるが，新 B' 鎖は旧 B 鎖と寸分違わないものになる．このようにして旧 DNA の 2 本鎖，A，B は，ともに元の形に復元されるのである．

構造

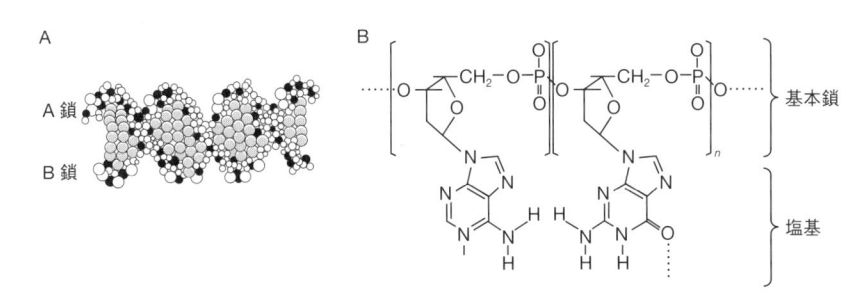

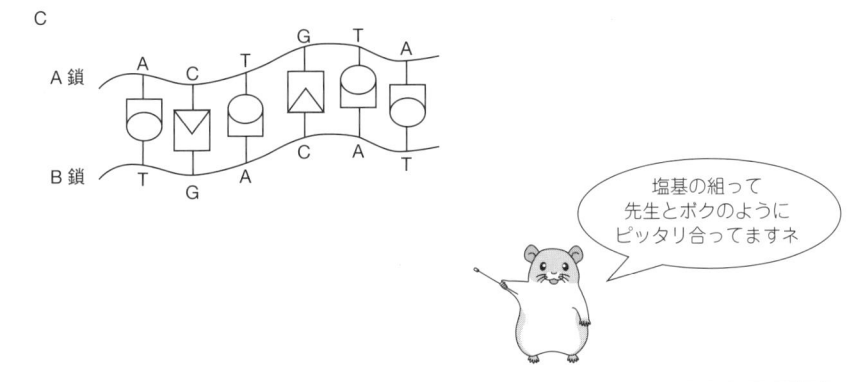

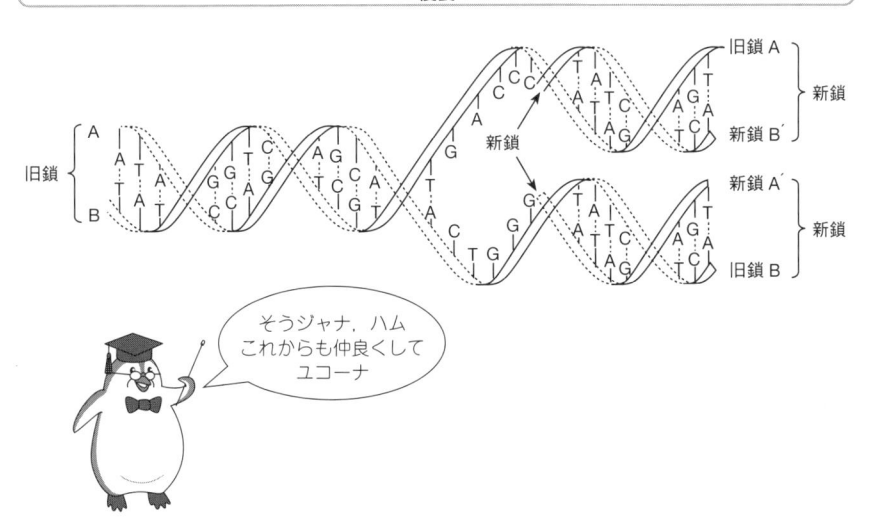

複製

12章 高分子と環境問題

われわれの生活をとても便利にしてくれている高分子材料が環境を悪化させている．本章ではこれら高分子材料の環境に与える問題に関して取り上げる．

第1節 高分子材料と環境問題

1 高分子材料の長所と短所

高分子材料の長所と短所を表に示した．高分子材料は軽く，木材や金属のように腐ったりさびたりすることがないために使用環境を気にすることなく，とても使いやすい材料である．ところが，それらの長所は大きな短所ともなっている．木材や金属材料で作られた製品は，その使命を終了した後，腐敗したり，さびることによって分子・原子レベルで自然へと還元される．しかし，高分子材料は人工的に作られた物質なので，腐ったり，さびたりすることがない．そのためゴミとして捨てられた後も，自然界でいつまでも分解されないで残ってしまうといった問題点がある．

2 高分子材料の生い立ちと環境問題

高分子材料の原料は，ほとんどが化石燃料の石油であり，採掘された原油の数％が高分子材料として使用されている（図）．また，高分子材料の中には可塑剤や残存モノマーが存在する．それらのうち，ポリ塩化ビニルに含まれる可塑剤であるジオクチルフタラートや，ポリスチレン中のスチレンダイマー，ポリカーボネートの原料であるビスフェノールAなどは，環境ホルモンとしての疑いがもたれている．さらに，建材などに用いられるメラミン樹脂などから漏れ出すホルムアルデヒドは，シックハウスの元凶である．

また，使い終わった高分子材料を焼却処分をすれば，化石燃料のむだづかいになる．それだけでなく，ダイオキシンなどの有害物質を発生させる心配があり，さらには太古の昔に地中深くに埋蔵・封印された，大量の地球温暖化ガスである二酸化炭素を世の中にまき散らすことになる．このようにたいへん便利な高分子材料ではあるが，地球環境にかける負荷は相当大きな問題となっている．

高分子の長所と短所

長所		短所
軽い	⟷	かさ張る
腐らない，錆びない	⟷	ゴミが消滅しない
熱可塑性がある	⟷	熱に弱い
安価である	⟷	安っぽい

環境問題

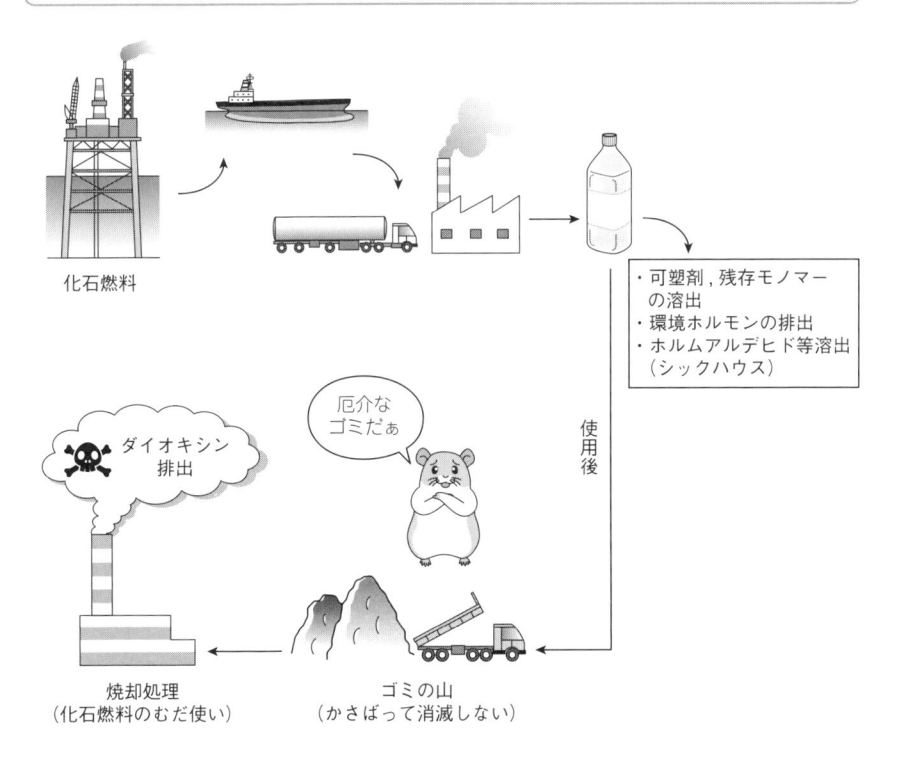

化石燃料

・可塑剤，残存モノマーの溶出
・環境ホルモンの排出
・ホルムアルデヒド等溶出（シックハウス）

使用後

厄介なゴミだぁ

ダイオキシン排出

焼却処理
（化石燃料のむだ使い）

ゴミの山
（かさばって消滅しない）

第2節 高分子材料のリサイクル

　高分子材料が特にその廃棄において，環境に大きな負荷を与えていることは前述した．ここではその回収と再利用について見てみよう．

1 リサイクルの種類

　高分子材料のリサイクルには，図に示すように3種類ある．使用済み高分子材料を回収して洗浄した後，溶融してもう一度成形して使用するマテリアルリサイクルと，一度モノマーにまで分解精製してから再度重合し直すケミカルリサイクル，さらには，もともとの原料である石油と同じように，燃料として使用するサーマルリサイクルである．

2 分別回収と再利用

　高分子製品は，ただ1種類の高分子材料だけからできていることはほとんどなく，いろいろな種類の高分子材料部品が使用されている．また，共重合やブレンド法などにより，数種類の高分子材料を混ぜ合わせることによって，単独の高分子にはなかった性能を引き出している．すなわち，高分子製品をリサイクルして再利用するとき，ほかの高分子材料が混じっていれば，その高分子材料はそのもの本来の性能を十分に出すことができなくなってしまう．そのため，高分子材料ごとへの分別回収がたいへん重要な問題となってくる．また，そういう理由によって，できるだけ少ない種類の高分子材料で製品を作ろうとする試みもなされている．自動車メーカーが，車の部品にできるだけポリプロピレンを多用しようとしているのもその流れである．

　また，リサイクルされた高分子材料に，特にマテリアルリサイクルにおいては，再生前の高分子材料と同等の性能を保持させることは難しい．再生紙がそうであるように，性能が劣っているにもかかわらず，コストがかかってしまうことが問題視されている．特に PET ボトルなどは，衛生面の観点より，元の PET ボトルへのリサイクルは行われておらず，文具や作業服などへ変身して第二の人生を送ることになっている．ケミカルリサイクルした場合は新品の PET として扱われる．

廃PETボトルのリサイクル

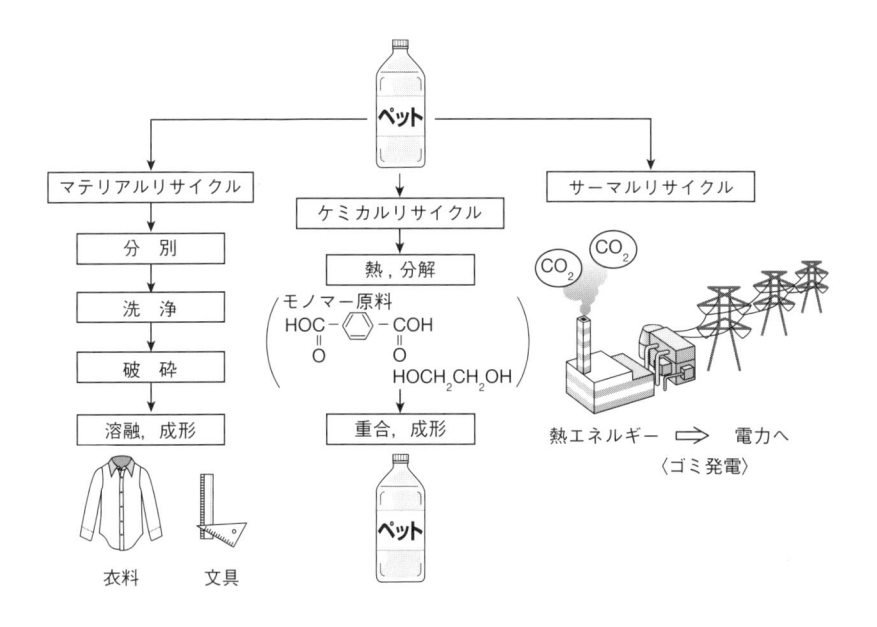

```
                        ペット
          ┌──────────────┼──────────────┐
    マテリアルリサイクル      ケミカルリサイクル      サーマルリサイクル
          │                │                │
        分 別            熱, 分解           CO₂排出
          │                │                │
        洗 浄        (モノマー原料           発電所
          │          HOC-⌬-COH            │
        破 砕          ‖    ‖             熱エネルギー ⇒ 電力へ
          │          O    O                 〈ゴミ発電〉
        溶融, 成形     HOCH₂CH₂OH)
          │                │
       衣料・文具         重合, 成形
                           │
                          ペット
```

材質表示マーク

成分	PET 単独	アルミ単独	PE 単独	金属とPE PEが主体
材質表示	♲ PET	アルミ	プラ PE	プラ PE、M
製品	PETボトル	アルミ缶	食品ケース	お菓子の袋 ラミネート

第2節◆高分子材料のリサイクル

第3節 いろいろなリサイクル方法

　高分子材料のリサイクルには三つの方法があることを前節で見た．本節ではその詳細について見てみよう．

1 マテリアルリサイクル

　身近な一例として PET ボトルのリサイクルがあげられる．PET ボトルは基本的に三つの部品からなっている．ポリエチレンテレフタラート（PET）からなる本体のボトルとポリプロピレン（PP）製のふた，さらにはポリスチレン（PS）などからなるラベルである．これらを分別回収し，本体のボトルは洗浄粉砕した後，乾燥溶融して PET チップに戻し，再利用することになる．この中でボトルといっしょに捨てられてしまうふたは，最軽量の PP を使用することによって分別を容易にしている．2004 年時点で，PET ボトルはその国内生産量の 60 % がリサイクルされている．このほかポリエチレン，ポリプロピレン，ポリ塩化ビニル，ポリスチレンなど，年間数百万 t 規模で生産されている四大汎用樹脂は，活発にリサイクルが進められている．

2 ケミカルリサイクル

　高分子材料を熱分解することによって，元の原料や別の化学原料として再利用する方法である．PET のような重縮合生成物は，その逆反応である加水分解反応によって，モノマーであるエチレングリコールとテレフタル酸へと再生されている．それらの原料を用いて PET を再生すれば，マテリアルリサイクルで再生された PET とは違い，新品の樹脂として取り扱うことができる．ただし，そのコストはずいぶん高いものとなる．

3 サーマルリサイクル

　石油を原料とする高分子材料を，石油と同じ熱源として再利用しようとするのがサーマルリサイクルである（図 2）．高分子材料の発熱量は，原料である石油や石炭に見劣りしないので，わざわざお金を使って高分子材料を再生せずに，ゴミ発電の燃料としての使用が増えつつある．しかしこの方法は，やはり化石燃料を消費し，地球温暖化ガスである二酸化炭素を放出しており，環境負荷の低減には結びついていない．

PETの回収率比較

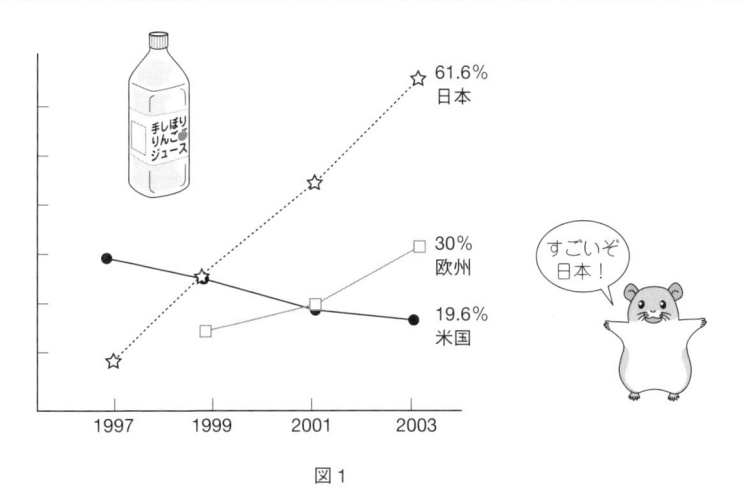

図1

61.6% 日本
30% 欧州
19.6% 米国

すごいぞ日本！

[PETボトルリサイクル推進協議会HP，PETボトルリサイクル年次報告書（2004年度版），図1より一部抜粋]

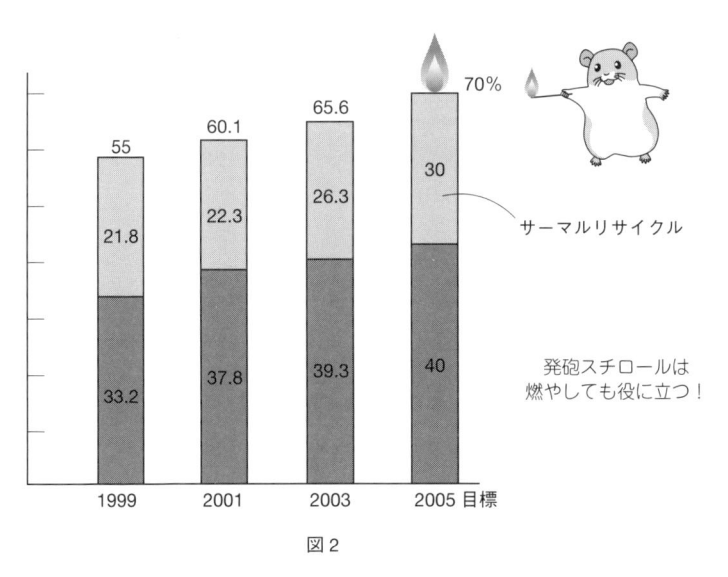

発泡スチロールの回収率

	1999	2001	2003	2005目標
（上段：サーマルリサイクル）	21.8	22.3	26.3	30
（下段）	33.2	37.8	39.3	40
合計	55	60.1	65.6	70%

発砲スチロールは燃やしても役に立つ！

図2

[発泡スチロール再資源化協会HP，リサイクル学習サイト，リサイクル実績推移の図より]

第3節◆いろいろなリサイクル方法

第4節 生分解性高分子

高分子材料のゴミ問題の解決法に，環境に優しい生分解性高分子がある．生分解性高分子とはいったい何なのであろうか．

1 生分解性高分子とは

腐らない，さびない材料である高分子材料は，ゴミとして処分するときに大きな場所を必要とし，また，土中に埋めたりしても地球に還元されることはない．そこで，水中や土中に埋めておくだけで簡単に分解していく，木材や天然繊維のような高分子材料（生分解性高分子材料）の開発が必要となってくる．

2 環境下での分解

木材が腐り，ウールのセーターが虫に食べられてしまうことは，天然高分子材料の生分解である．通常の合成高分子材料は生分解は受けにくい．しかし，ポリエステルやポリアミド，ポリウレタンなどは自然環境下，わりと容易に加水分解されていくことが知られている．

最も加水分解を受けやすいとされている脂肪族ポリエステルに，ポリグリコール酸（PGA）があり，生理食塩水中 35 ℃で 2 週間程度の半減期を有することが知られている．これでは短すぎるが，この PGA にメチル基を一つだけ付与したポリ-L-乳酸（PLA）は，その半減期が半年ぐらいと飛躍的に伸びてくる．このような高分子材料は，環境下で分解を受けた後，微生物の有する酵素によって生分解されていく（表）．

3 微生物産生生分解性高分子材料

ある種の微生物（バクテリア）の中には，自分自身の非常用食料としてポリエステルを産生するものがある．有名な菌類としては水素細菌，ラン藻類，窒素固定細菌などがある．これら微生物は，炭素源を摂取することによって体内にポリ（3-ヒドロキシブタン酸, P3HB）などのポリエステルを産生する（図）．これらのポリエステルは，菌体より抽出・成形して生分解性高分子材料となるが，もともとが菌類の非常食であるので，簡単に生分解を受けることのできる材料となる．

環境分解型高分子

	生理食塩水中半減期	用途
─(CH₂CO─O)ₙ─ ポリグリコール酸 (PGA)	2〜3（週）	縫合糸（手術用）
─(CH─CO)ₙ─ 　│　‖ 　CH₃　O ポリ乳酸	4〜6（月）	容器，衣類

微生物産生高分子

細菌フォアグラ化プラスチック合成方法

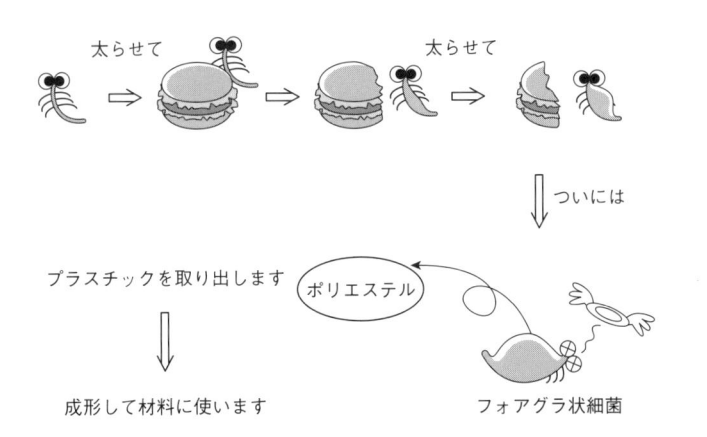

太らせて ⇒ 太らせて ⇒ ⇒

⇓ ついには

プラスチックを取り出します

ポリエステル

⇓

成形して材料に使います

フォアグラ状細菌

でも基本的に，このプラスチックは
この細菌の非常食なのです
だから使い終わったら細菌のえさになるのです

第5節 環境循環型高分子材料

　高分子材料が地球に与える負荷を軽減するために，地球に優しい高分子材料として環境循環型高分子材料が開発されている．

1 環境循環型高分子材料とは

　地球に優しい高分子材料として，生分解性高分子材料の開発が提唱されて久しいが，環境下において簡単に分解する生分解性高分子材料は，その取り扱いも難しい．そもそも合成高分子材料は，埋蔵量の限られている化石燃料を消費してしまうこと，処理のために焼却することによって，二酸化炭素を排出し，地球温暖化現象を誘起する問題が明らかとなっている．

　そこで環境循環型高分子材料という考えかたが提唱された（図）．**化石燃料を使うのではなく，地球上の二酸化炭素を植物に固定化させ，高分子材料の原料として使用する考えかたである．**特に1年という短いサイクルで生長可能な植物を炭素源として使用するのであり，高分子材料の合成に化石燃料を消費することはない．また，使用済み高分子材料を，焼却しても二酸化炭素の増加には結びつかず，この炭素源は環境中において循環しているだけとなる．

2 環境循環型高分子材料としてのポリ乳酸

　生分解性高分子材料であるポリ乳酸（PLA）は，環境循環型高分子材料の代表例である．PLAの原料は，トウモロコシなどから得られるデンプンを発酵させた乳酸である．その生分解能は低いものの，逆に通常の使用においては環境下，十分構造材料としての使用が可能である．また使用済み材料を焼却処分しても，その排出される二酸化炭素や水は，トウモロコシの生育に消費されるので環境に負荷をかけない．

　トウモロコシから得られた糖質は，発酵され乳酸へと変換された後，直接重縮合されてPLAへと循環していく．トウモロコシの粒約7個から厚さ25 μmのA4判PLAフィルムができ上がると報告されている．高分子材料としてのPLAの性質は，透明で剛性の高い熱可塑性高分子であり，PSやPETに匹敵する性能を有する（表）．

環境循環型高分子材料

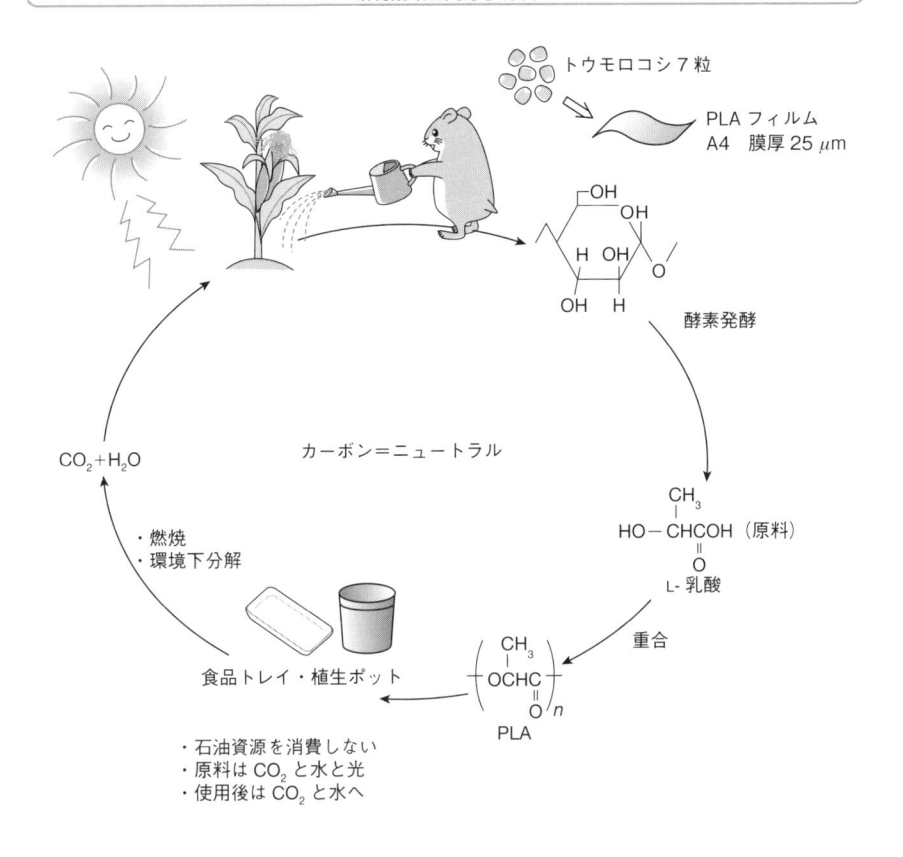

トウモロコシ7粒 → PLAフィルム A4 膜厚25μm

酵素発酵

CH_3
$HO-CHCOH$ （原料）
$\parallel$
O
L-乳酸

重合

$\left(\begin{array}{c}CH_3\\-OCHC-\\\parallel\\O\end{array}\right)_n$
PLA

食品トレイ・植生ポット

・石油資源を消費しない
・原料は CO_2 と水と光
・使用後は CO_2 と水へ

・燃焼
・環境下分解

CO_2+H_2O

カーボン＝ニュートラル

PLAの材料特性

	T_g	T_m	引張強度 (kg·f/cm^2)	衝撃強さ (kg·cm/cm^2)	弾性率 (kg·f/cm^2)
PLA	53	178	690	2.1	38000
PS	100	250	279	6.0	25000
PET	70	260	570	4.0	25000
PP	-20	176	190	6.6	12000

第6節 高分子を使った環境浄化

ここまで,高分子材料の処理問題を中心に環境問題を見てきたが,逆に高分子を機能化して環境の浄化を行っている例もある.

1 イオン交換樹脂による環境浄化

環境浄化のいちばん手に上げられるのがイオン交換樹脂である.イオン交換樹脂とは,第11章第5節で見たように,ポリスチレンに適当な置換基をつけた樹脂の総称である.

イオン交換樹脂は,陽イオンを交換する樹脂と,陰イオンを交換する樹脂とに大別される.イオン交換樹脂は図1に示されるように,通常はカラムで使用し,その形はビーズ状である.また,そのイオン交換容量を上げるために,多くの細孔を有することが必要である.

これらイオン交換樹脂は,不純物の除去,有用物の濃縮など,環境浄化への応用が盛んである.キレート樹脂を用いた廃液中の重金属イオン捕捉などはその代表的な例である(図2).また,陽イオン交換樹脂と陰イオン交換樹脂を組み合わせた系では水中からの塩分の除去が可能となり,海水の淡水化や廃水処理に至るまで応用が進んでいる.

2 高分子凝集剤

水をきれいにするために,上下水道場,排水処理施設では浄水設備が整えられている.浄水のためにはまず大きな懸濁物を沈降させた後,水中に浮遊している固体状の微粒子を凝集・沈降させて分離する.高分子凝集剤は,それら固体状微粒子を吸着してフロックという集合体にして,溶液中から分離する高分子である.一般的には,アクリルアミド樹脂にさまざまな極性基を保持させた,非常に大きな分子量の水溶性高分子である(図3).

近年電気製品のパッケージに使われているABS樹脂や,AS樹脂の廃材利用として,これら樹脂を分別回収後,スルホン化などの化学処理を施して高分子凝集体とする例も報告されている.高分子廃材を利用して環境浄化に取り組んでいる画期的な例といえる.

高分子を使った環境浄化

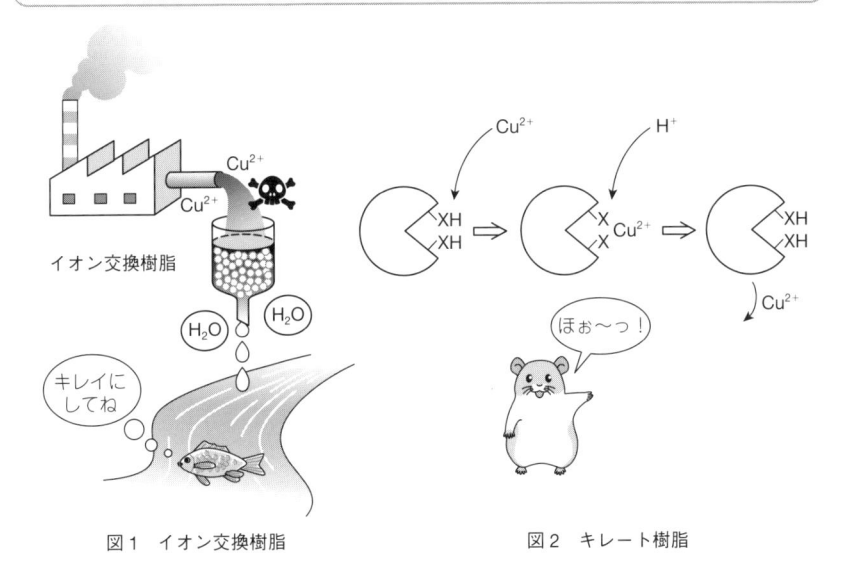

図1　イオン交換樹脂

図2　キレート樹脂

高分子凝集剤

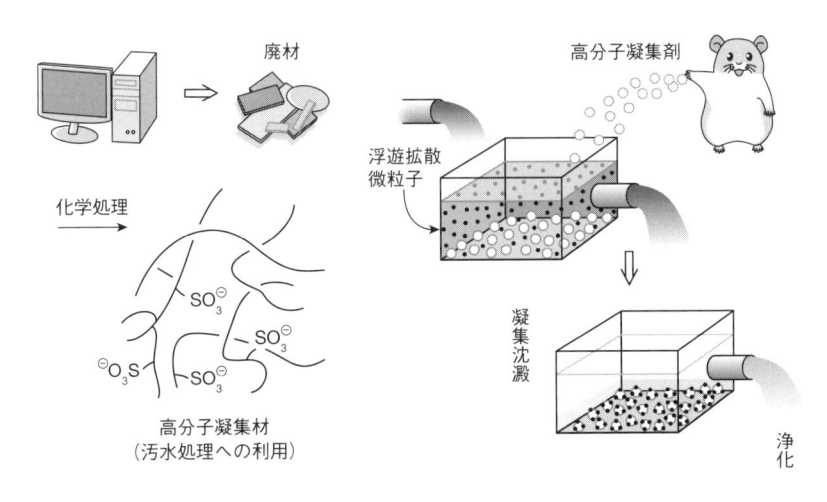

高分子凝集材
（汚水処理への利用）

図3

索　引

欧文索引

ABS 樹脂　146
AS 樹脂　146
α ヘリックス　164
β シート　164
DNA　168
EP ゴム　140
NBR　140
OI%　66
PBT　148
PET　108, 148

PLA　178
π 結合　20
SBR ゴム　102, 140
sp^2 混成軌道　24
sp^3 混成軌道　22
S-S 曲線　50
σ 結合　20
T_g　56
T_m　56

和文索引

ア

アクリル　142
アクリル樹脂　146
アタクチック　40
圧電素子　82
圧電特性　82
アデニン　168
アニオン重合　94
アニオンラジカル　96
アミド結合　110
アミロース　166
アミロペクチン　166
アモルファス　44
安定化剤　68
イオン交換樹脂　162, 180
イオン重合　90
鋳型重合　128
異性体　26
イソタクチック　40
イソプレン　140
インフレーション成形　118
ウルシ　122
ウレア樹脂　114, 150
ウレタン　106
ウレタンフォーム　106
液晶性高分子　64
枝分かれポリマー　36
エネルギー弾性　54
エポキシ樹脂　150
エンジニアリングプラスチック　4

延伸　142
エントロピー弾性　54
エンプラ　4, 138, 148
オリゴマー　30
折りたたみ構造　42

カ

開環重合反応　100
改質剤　134
開始反応　90
回転異性体　26
化学結合　18
化学的耐熱性　62, 64
架橋反応　122
架橋ポリマー　36
核酸　168
可塑剤　134
カチオン重合　94
ガラス転移温度　10
ガラス転移点　56
加硫　36, 120
環境循環型高分子材料　178
環境ホルモン　170
感光性樹脂　158
軌道　16
共重合　88, 102
凝集剤　162
共役二重結合　24
共有結合　18
局在 π 結合　24
グアニン　168

屈折率　76
グッタペルカ　140
グラフト重合　126
グラフトポリマー　38
クロロプレンゴム　140
形状記憶高分子　156
形状記憶繊維　144
結晶性　44
ケブラー　148
ケミカルリサイクル　172, 174
原子核　14
原子半径　14
原子番号　14
原子量　14
光学異性　26
高吸水性高分子　154
抗菌剤　134
交互コポリマー　38
合成ゴム　140
合成繊維　142
高分子　8, 30
高分子凝集剤　180
高分子溶液　58
極細繊維　144
コポリマー　38
ゴム　140
ゴム弾性　54, 120
混成軌道　22
コンパティビライザー　132

サ

サーマルリサイクル　172, 174
ジアニオン　96
シックハウス　136, 170
シトシン　168
射出成形　118
重合　12, 88
重合度　48
重縮合反応　12, 88, 104, 108, 110
重付加反応　88, 104, 106
ジラジカル　32
シンジオタクチック　40
水素結合　28
スーパーらせん構造　42
スピン　16
生長反応　90
生分解性高分子　176
絶縁性　78

絶縁体　78
セルロース　166
繊維　138, 142
疎水性相互作用　28

タ

耐候性　68
耐衝撃性プラスチック　103
帯電防止剤　134
耐熱性　62
ダイマー　30
耐薬品性　70
タクチシチー　40
多量体　2, 30
単結合　22
弾性　52
弾性変形　50
弾性率　50
炭素繊維　124
タンパク質　164
単量体　2, 30
地球温暖化　170
逐次反応　88, 104
チーグラー・ナッタ触媒　98
チミン　168
着色剤　134
直鎖状ポリマー　36
停止反応　90
低分子　8, 30
電気陰性度　14
電子　14
電子雲　14, 16
電子殻　14
電子配置　16
天然高分子　2
天然ゴム　140
デンプン　166
導電剤　134
導電性高分子　84, 160
ドーパント　160
ドープ　84

ナ

ナイロン　110, 142
ナイロン6　110
ナイロン6,6　110
難燃性　66
二重結合　24

二量体　30
熱可塑性樹脂　138
熱硬化性樹脂　138, 150
粘性　52
粘弾性　52
粘弾性体　10
ノボラック　112
ノーメックス　148

ハ

配位重合　90, 98
発泡剤　134
発泡スチロール　106
発泡ポリスチレン　106
バリア特性　72
半導体　78
反応開始剤　90
汎用樹脂　138
光散乱　74
光透過性　74
光分解性高分子　103
非局在π結合　24
非晶性　44
貧溶媒　60
ファンデルワールス力　28
フェノール樹脂　150
付加縮合重合　88, 112
吹き込み成形　118
不均化　92
複屈折率　76
複合材料　124, 152
房状構造　42
不斉炭素　26
不対電子　16
物理的耐熱性　62
ブロー成形　118
ブロックコポリマー　38
ブロック重合　126
分子間力　18
ペットボトル　108
ヘテロ環状化合物　100
ヘテロ元素　100
紡糸　142
膨潤　58
ホモポリマー　38
ポリアセチレン　84, 160
ポリアミド　148
ポリイミド　124, 148

ポリウレタン　106
ポリエステル　108, 142, 148
ポリエチレンテレフタラート　108
ポリカーボネート　76, 148
ポリグリコール酸　176
ポリ乳酸　178
ポリフェニレン　160
ポリペプチド　164
ポリマー　2, 30
ポリマーアロイ　38, 132
ポリマーブレンド　38, 132
ポリメチルメタクリレート　76
ホルムアルデヒド　136

マ

マテリアルリサイクル　172, 174
マトリックス重合　128
無機高分子　146
メタクリル樹脂　146
メラミン樹脂　114, 150
メリフィールド合成　130
モノマー　2, 30

ヤ

融点　56
誘電損失　80
誘電体　80
誘電特性　80
溶解度パラメーター　60, 70
溶媒和　58

ラ

ラジカル　32
ラジカル重合　90, 92
らせん構造　42
ラメラ構造　42
ランダムコポリマー　38
リサイクル　172
立体異性　26
立体制御　98
リビング重合　90, 96
良導体　78
良溶媒　60
連鎖反応　88

著者紹介

齋藤　勝裕（さいとう　かつひろ）　理学博士（分担章　1〜4章，7〜11章）
1974年　東北大学大学院理学研究科博士課程修了
現　在　名古屋工業大学名誉教授，愛知学院大学客員教授
専　門　有機化学，物理化学，光化学

山下　啓司（やました　けいじ）　工学博士（分担章　5章，6章，12章）
1981年　名古屋工業大学大学院工学研究科中退
現　在　名古屋工業大学教授
専　門　高分子化学

NDC578　　190p　　21cm

絶対わかる化学シリーズ

絶対わかる高分子化学（ぜったいわかるこうぶんしかがく）

2005年7月20日　第1刷発行
2022年2月18日　第9刷発行

著　者　齋藤勝裕・山下啓司（さいとうかつひろ・やましたけいじ）
発行者　髙橋明男
発行所　株式会社　講談社
　　　　〒112-8001　東京都文京区音羽2-12-21
　　　　　販売　(03) 5395-4415
　　　　　業務　(03) 5395-3615

KODANSHA

編　集　株式会社　講談社サイエンティフィク
　　　　代表　堀越俊一
　　　　〒162-0825　東京都新宿区神楽坂2-14　ノービィビル
　　　　　編集　(03) 3235-3701

印刷所　株式会社平河工業社
製本所　株式会社国宝社

落丁本・乱丁本は，購入書店名を明記のうえ，講談社業務宛にお送り下さい．送料小社負担にてお取替えします．なお，この本の内容についてのお問い合わせは，講談社サイエンティフィク宛にお願いいたします．定価はカバーに表示してあります．

© K.Saito and K.Yamashita, 2005

本書のコピー，スキャン，デジタル化等の無断複製は著作権法上での例外を除き禁じられています．本書を代行業者等の第三者に依頼してスキャンやデジタル化することはたとえ個人や家庭内の利用でも著作権法違反です．

JCOPY　〈(社)出版者著作権管理機構　委託出版物〉

複写される場合は，その都度事前に(社)出版者著作権管理機構（電話03-5244-5088, FAX 03-5244-5089, e-mail: info@jcopy.or.jp）の許諾を得て下さい．

Printed in Japan

ISBN4-06-155057-8

講談社の自然科学書

絶対わかる化学シリーズ
わかりやすく おもしろく 読みやすい

絶対わかる 高分子化学
齋藤 勝裕／山下 啓司・著
A5・190頁・本体2,400円

絶対わかる 有機化学
齋藤 勝裕・著
A5・206頁・本体2,400円

絶対わかる 無機化学
齋藤 勝裕／渡會 仁・著
A5・190頁・本体2,400円

絶対わかる 物理化学
齋藤 勝裕・著
A5・190頁・本体2,400円

絶対わかる 化学の基礎知識
齋藤 勝裕・著
A5・222頁・本体2,400円

絶対わかる 分析化学
齋藤 勝裕／坂本 英文・著
A5・190頁・本体2,400円

講談社サイエンティフィク　https://www.kspub.co.jp/　「2022年1月現在」